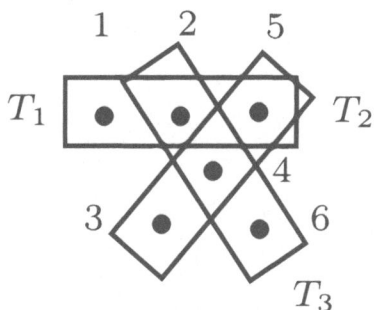

极值

集合论中的

一些经典问题
与方法

王健

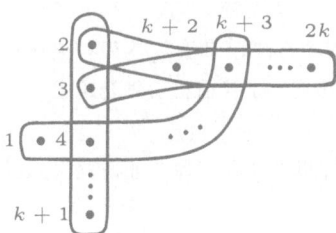

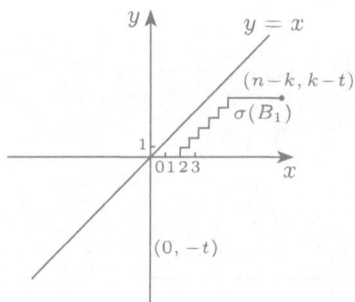

编著

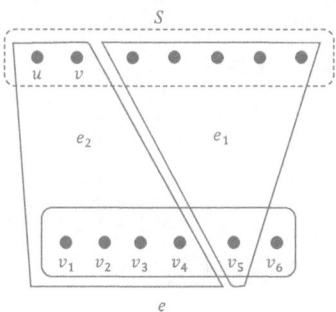

人民邮电出版社

北 京

图书在版编目（CIP）数据

极值集合论中的一些经典问题与方法 / 王健编著.

北京 ：人民邮电出版社, 2025. -- ISBN 978-7-115
-67415-9

I. O172

中国国家版本馆 CIP 数据核字第 2025C2Q630 号

内 容 提 要

极值集合论是组合数学的重要研究分支之一，主要研究满足给定条件下集族的相关极值问题，在概率论、密码学、离散几何以及理论计算机科学等领域中都有非常广泛的应用。我国著名数学家柯召先生与匈牙利数学家保罗·埃尔德什、英国数学家理查德·拉多合作完成的埃尔德什-柯-拉多定理是极值集合论的奠基性定理，开辟了极值集合论迅速发展的道路。

本书内容涵盖移位方法、随机游走方法、生成集方法、线性代数方法、弗兰克尔-库帕夫斯基集中不等式、超图匹配问题以及移位方法的新应用等，此外第 8 章中还列出了目前极值集合论中一些未证明的猜想和未解决的问题。

本书可以作为高等院校数学专业高年级本科生和研究生、计算机专业和其他专业研究生的组合数学课程辅助教材，也可作为相关研究工作者的参考书。

◆ 编　著　王　健
　　责任编辑　李　宁
　　责任印制　陈　犇

◆ 人民邮电出版社出版发行　　北京市丰台区成寿寺路 11 号
　　邮编　100164　　电子邮件　315@ptpress.com.cn
　　网址　https://www.ptpress.com.cn
　　北京天宇星印刷厂印刷

◆ 开本：787×1092　1/16
　　印张：10.25　　　　　2025 年 10 月第 1 版
　　字数：210 千字　　　2025 年 11 月北京第 2 次印刷

定价：79.00 元

读者服务热线：(010)81055410　印装质量热线：(010)81055316
反盗版热线：(010)81055315

编者说明

极值集合论作为现代组合数学的重要分支，在离散几何、理论计算机科学、密码学等领域具有广泛应用，为解决各类组合优化问题提供了关键理论支撑。本书系统梳理了该领域的核心成果与前沿进展，旨在为相关研究者提供一本兼具理论深度与实用价值的专业参考资料。

书中涉及的专业符号、表述方式及证明过程尽量与数学研究领域的行业惯例一致。特别需要说明的是，为顺应极值集合论证明中频繁引用定理、引理及相关论断的特点，本书采用了"证明套证明"的表述形式。这种形式虽不常见，但能更清晰地展现论证逻辑的层级关系，便于研究者追溯推理脉络。在排版上，最终的主证明结束处将以实心方格（■）标识，嵌套的子证明结束处则以空心方格（□）标识，敬请读者留意。

希望本书能为极值集合论领域的研究人员提供有益助力。

目　录

第 1 章　移位方法

极值集合论的中心主题是确定满足给定条件的集族大小的最大值或最小值，这些条件通常涉及集合运算，如交集、并集和对称差等。本章主要介绍移位方法和极值集合论中的几个经典结论，包括埃尔德什-柯-拉多定理、希尔顿-米尔纳定理、克鲁斯卡尔-卡托纳定理（也称影子定理）、希尔顿引理以及皮贝尔定理等。移位方法由保罗·埃尔德什（Paul Erdős）、柯召和理查德·拉多（Richard Rado）发明，并由彼得·弗兰克尔（Peter Frankl）、鲁道夫·阿尔斯韦德（Rudolf Ahlswede）和列翁·哈恰图良（Levon Khachatrian）等人进一步发展，逐渐成为极值集合论中最强大和最重要的研究工具之一。

1.1　埃尔德什-柯-拉多定理

本节介绍一些基本定义和概念。在极值集合论中，为了表述的简洁，我们通常用 $[n]$ 表示标准的 n 元集合 $\{1, 2, \cdots, n\}$，用 $2^{[n]}$ 表示 $[n]$ 的所有子集构成的集合，用 $\binom{[n]}{k}$ 表示 $[n]$ 的所有 k 元子集构成的集合。任意 $2^{[n]}$ 的子集族称为一个集族或超图，任意 $\binom{[n]}{k}$ 的子集族称为一个 k-一致集族、k-一致超图或 k-图。

给定集族 $\mathcal{F} \subseteq 2^{[n]}$，如果对于任意的 $F, F' \in \mathcal{F}$ 都有 $F \bigcap F' \neq \varnothing$，则称 $\mathcal{F}$ 是一个**相交集族**。1961 年，保罗·埃尔德什、柯召和理查德·拉多证明了下面的定理。目前，该定理已成为极值集合论中最重要的定理之一。

> **定理 1.1（埃尔德什-柯-拉多定理[1]）** 设 $n \geqslant 2k$，若 $\mathcal{F} \subseteq \binom{[n]}{k}$ 是一个相交集族，则有

$$|\mathcal{F}| \leqslant \binom{n-1}{k-1} \tag{1.1}$$

我们考虑集族 $\mathcal{S}_x = \left\{ F \in \binom{[n]}{k} : x \in F \right\}$ 为一个以 x 为中心的相交集族。当 $n > 2k$ 时，集族 $\mathcal{S}_x$ 是使得式（1.1）可以取等号的唯一集族。我们称 $\mathcal{S}_x$ 为一个**满星型集族**，称 $\mathcal{S}_x$ 的任意一个子集族为**星型集族**。

迄今为止，埃尔德什-柯-拉多定理已经有很多不同的证明方法。戴维·戴金（David Daykin）使用克鲁斯卡尔-卡托纳定理给出了一个证明[2]。拉兹洛·洛瓦斯（László Lovász）确定了克内泽尔图的所有特征值[3]，使得埃尔德什-柯-拉多定理可以用霍夫曼定理推导出来[4]。佐尔坦·菲雷迪（Zoltán Füredi）、黄京琬（Kyung-Won Hwang）和保罗·魏克塞尔（Paul Weichsel）使用多项式方法给出了另一种证明[5]。

久洛·卡托纳（Gyula Katona）用圈排列方法给出了一个非常简短、优美的证明[6]。设 $\pi = \pi_1 \pi_2 \cdots \pi_n$ 为 $[n]$ 的一个圈排列，定义

$$\mathcal{C}_\pi = \left\{ \{\pi_i, \pi_{i+1}, \cdots, \pi_{i+k-1}\} : i = 1, 2, \cdots, n \right\}$$

为圈排列上按顺时针方向连续排列的 k 个数构成的集合，容易知道 $|\mathcal{C}_\pi| = n$。

断言：如果 $\mathcal{F} \subseteq \mathcal{C}_\pi$ 是一个相交集族，则 $|\mathcal{F}| \leqslant k$。

断言的证明：不妨设 $\pi = 123 \cdots n$ 且 $[k] \in \mathcal{F}$，由于 $\mathcal{F} \subseteq \mathcal{C}_\pi$ 是一个相交集族，对于任意的 $F \in \mathcal{F}$，F 必然以 $1, \cdots, k$ 中某个数为起点或者以 $1, \cdots, k$ 中某个数为终点。其中以 1 为起点的连续 k 个数构成的集合和以 k 为终点的连续 k 个数构成的集合是同一个集合。由于 $n \geqslant 2k$，以 2 为起点的集合和以 1 为终点的集合只能有一个在 $\mathcal{F}$ 中。同样地，对于 $i = 2, 3, \cdots, k$，以 i 为起点的集合和以 $i-1$ 为终点的集合只能有一个在 $\mathcal{F}$ 中。因此，$|\mathcal{F}| \leqslant k$。　□

定理 1.1 的证明[6]：设 $\mathcal{F} \subseteq \binom{[n]}{k}$ 是一个相交集族，取 $[n]$ 的一个圈排列 $\pi = \pi_1 \pi_2 \cdots \pi_n$。由于 $|\mathcal{F} \cap \mathcal{C}_\pi| \leqslant k$，有

$$\sum_\pi |\mathcal{F} \cap \mathcal{C}_\pi| \leqslant k(n-1)!$$

又由于每个 $F \in \mathcal{F}$ 恰好落在 $k!(n-k)!$ 个 $\mathcal{C}_\pi$ 中，有

$$|\mathcal{F}| k!(n-k)! = \sum_\pi |\mathcal{F} \cap \mathcal{C}_\pi| \leqslant k(n-1)!$$

因此

$$|\mathcal{F}| \leqslant \frac{(n-1)!}{(k-1)!(n-k)!} \leqslant \binom{n-1}{k-1} \qquad \square$$

1.2　移位方法简介

保罗·埃尔德什、柯召和理查德·拉多在他们的原始论文中提出了移位方法，该方法已经被公认为是极值集合论中最强大的工具之一。对于集族 $\mathcal{F} \subseteq \binom{[n]}{k}$ 和 $1 \leqslant i < j \leqslant n$，定义**移位运算**：

$$S_{ij}(\mathcal{F}) = \left\{ S_{ij}(F) : F \in \mathcal{F} \right\}$$

其中

$$S_{ij}(F) = \begin{cases} F' = (F \setminus \{j\} \cup \{i\}), & j \in F, i \notin F \text{ 且 } F' \notin \mathcal{F} \\ F, & \text{其他} \end{cases}$$

值得注意的是：（1）S_{ij} 将一个 k-图变成另一个 k-图；（2）$\left|S_{ij}(\mathcal{F})\right| = |\mathcal{F}|$，即移位运算 S_{ij} 可以保持集族的大小不变。

最重要的是，移位运算 S_{ij} 保持相交性，即集族 $S_{ij}(\mathcal{F})$ 仍然是一个相交集族。

> **引理 1.1**[1]　若 $\mathcal{F} \subseteq \binom{[n]}{k}$ 是相交集族，则 $S_{ij}(\mathcal{F})$ 也是相交集族。

证明： 我们只需证明对于任意的 $F_1, F_2 \in \mathcal{F}$，$S_{ij}(F_1) \cap S_{ij}(F_2) \neq \varnothing$。如果 $F_1 \cap F_2 \neq \{j\}$ 或者 $F_1 \cap F_2$ 包含至少两个元素，那么 $S_{ij}(F_1) \cap S_{ij}(F_2) \neq \varnothing$ 显然成立。因此我们总是可以假设 $F_1 \cap F_2 = \{j\}$。通过移位运算的定义不难发现，如果 $S_{ij}(F_1) = F_1$，$S_{ij}(F_2) = F_2$，那么 $S_{ij}(F_1) \cap S_{ij}(F_2) = \{j\}$；如果 $S_{ij}(F_1) = F_1'$，$S_{ij}(F_2) = F_2'$，则有 $S_{ij}(F_1) \cap S_{ij}(F_2) = \{i\}$。因此，根据对称性我们只需要考虑 $S_{ij}(F_1) = F_1'$，$S_{ij}(F_2) = F_2$ 这种情况。$S_{ij}(F_2) = F_2$ 说明 $j \notin F_2$、$i \in F_2$ 或者 $F_2 \setminus \{j\} \cup \{i\} \in \mathcal{F}$。显然 $j \in F_2$。如果 $i \in F_2$，那么 $i \in S_{ij}(F_1) \cap S_{ij}(F_2)$。如

$F_2' = F_2 \setminus \{j\} \bigcup \{i\} \in \mathcal{F}$，那么 $F_1 \bigcap F_2' = \varnothing$，这与 $\mathcal{F}$ 是相交集族矛盾。因此对于任意的 $F_1, F_2 \in \mathcal{F}$，$S_{ij}(F_1) \bigcap S_{ij}(F_2) \neq \varnothing$ 都成立。　□

给定 $\mathcal{F} \subseteq \dbinom{[n]}{k}$，若对于任意 $1 \leq i < j \leq n$，都有 $S_{ij}(\mathcal{F}) = \mathcal{F}$ 成立，则称集族 $\mathcal{F}$ 是**移位稳定**的。

> **命题 1.1**[7]　通过重复进行移位运算，可以将任意一个 k-图变为一个具有相同边数的移位稳定的 k-图。

证明：如果 $\mathcal{F} \subseteq \dbinom{[n]}{k}$ 不是移位稳定的，则必然存在 (i,j)（$1 \leq i < j \leq n$），使得 $S_{ij}(\mathcal{F}) \neq \mathcal{F}$，此时我们将 S_{ij} 应用在 $\mathcal{F}$ 上，如此不断重复这一过程，直至 $\mathcal{F}$ 变为移位稳定的 k-图。定义权重函数：

$$\omega(\mathcal{F}) = \sum_{F \in \mathcal{F}} \sum_{x \in F} x$$

如果 $S_{ij}(\mathcal{F}) = \mathcal{F}' \neq \mathcal{F}$，则必然有 $\omega(\mathcal{F}') < \omega(\mathcal{F})$，即在进行移位运算时，函数 $\omega(\mathcal{F})$ 严格递减。由于 $\omega(\mathcal{F}) > 0$，该过程一定会在有限步停止。因此，重复进行移位运算总能将 $\mathcal{F}$ 变为移位稳定的 k-图。　□

给定任意两个集合 $F_1, F_2 \in \dbinom{[n]}{k}$，其中 $F_1 = \{x_1, x_2, \cdots, x_k\}$（$1 \leq x_1 < x_2 < \cdots < x_k \leq n$），$F_2 = \{y_1, y_2, \cdots, y_k\}$（$1 \leq y_1 < y_2 < \cdots < y_k \leq n$）。如果对于任意 $1 \leq i \leq k$，都有 $x_i \leq y_i$，则称集合 F_1 在**移位偏序**下小于 F_2，记作 $F_1 \prec F_2$。称 $\left(\dbinom{[n]}{k}, \prec \right)$ 为**移位偏序集**。

> **命题 1.2**[7]　如果 $\mathcal{F} \subseteq \dbinom{[n]}{k}$ 是移位稳定的，且 $A \prec B$，$B \in \mathcal{F}$，那么必然有 $A \in \mathcal{F}$。

证明：令 $A' = A \setminus (A \bigcap B) = \{a_1, \cdots, a_\ell\}$（$a_1 < \cdots < a_\ell$），$B' = B \setminus (A \bigcap B) = \{b_1, \cdots, b_\ell\}$（$b_1 < \cdots < b_\ell$）。容易验证，如果 $A \prec B$，那么 $A' \prec B'$。因此，对于任意 $1 \leq i \leq \ell$，都有 $a_i < b_i$。由于 $S_{a_1, b_1}(\mathcal{F}) = \mathcal{F}$，因此 $S_{a_1, b_1}(B) = B$。这意味着 $(B \setminus \{b_1\}) \bigcup \{a_1\} \in \mathcal{F}$。由于 $S_{a_2, b_2}(\mathcal{F}) = \mathcal{F}$，我们推断出 $(B \setminus \{b_1, b_2\}) \bigcup \{a_1, a_2\} \in \mathcal{F}$。将 $S_{a_1, b_1}, S_{a_2, b_2}, S_{a_3, b_3}, \cdots, S_{a_\ell, b_\ell}$ 依次应用到 B 上，最终可以得到 $A = (B \setminus \{b_1, \cdots, b_\ell\}) \bigcup \{a_1, \cdots, a_\ell\} \in \mathcal{F}$。　□

1.3 埃尔德什-柯-拉多定理的移位方法证明

在本节，我们将使用移位方法来证明埃尔德什-柯-拉多定理。对于 $i \in [n]$，定义

$$\mathcal{F}(i) = \{F \setminus \{i\} : i \in F \in \mathcal{F}\}, \quad \mathcal{F}(\bar{i}) = \{F : i \notin F \in \mathcal{F}\}$$

定理 1.1 的证明（使用移位方法）：假设 $\mathcal{F} \subseteq \binom{[n]}{k}$ 是一个移位稳定的相交集族，因此对于任意 $B \in \mathcal{F}$ 且 $A \prec B$，有 $A \in \mathcal{F}$。下面我们对 (n,k) 进行归纳证明。当 $k=1$ 时，$|\mathcal{F}| \leqslant 1 = \binom{n-1}{1-1}$。对于 $n=2k$，$F^c = [n] \setminus F$ 且 $|F^c| = k$，由于 F, F^c 最多只能有一个在 $\mathcal{F}$ 中，可得

$$|\mathcal{F}| \leqslant \frac{1}{2}\binom{n}{k} = \frac{1}{2}\binom{2k}{k} = \frac{1}{2}\frac{(2k)!}{k!k!} = \binom{2k-1}{k-1} = \binom{n-1}{k-1}$$

假设定理 1.1 对于 $(n-1, k-1)$ 和 $(n-1, k)$ 均成立，我们证明定理 1.1 对于 (n,k) 也成立。

注意到 $\mathcal{F}(n) \subseteq \binom{[n-1]}{k-1}$，$\mathcal{F}(\bar{n}) \subseteq \binom{[n-1]}{k}$。显然，$\mathcal{F}(\bar{n}) \subseteq \binom{[n-1]}{k}$ 是相交集族。由归纳假设可得

$$|\mathcal{F}(\bar{n})| \leqslant \binom{(n-1)-1}{k-1} = \binom{n-2}{k-1}$$

断言[7]：设 $n \geqslant 2k$，若 $\mathcal{F}$ 是一个移位稳定的相交集族，则 $\mathcal{F}(n)$ 也是一个相交集族。

断言的证明：运用反证法，假设存在 $E_1, E_2 \in \mathcal{F}(n)$ 满足 $E_1 \bigcap E_2 = \varnothing$。由 $n \geqslant 2k$ 可知存在 $x \in [n-1] \setminus (E_1 \bigcup E_2)$。由于 $E_2 \bigcup \{n\} \in \mathcal{F}$ 且 $E_2 \bigcup \{x\} \prec E_2 \bigcup \{n\}$，因此 $E_2 \bigcup \{x\} \in \mathcal{F}$。然而 $(E_1 \bigcup \{n\}) \bigcap (E_2 \bigcup \{x\}) = \varnothing$，这与 $\mathcal{F}$ 是相交集族矛盾。 $\square$

由断言可知，$\mathcal{F}(n) \subseteq \binom{[n-1]}{k-1}$ 也是相交集族，根据归纳假设可得

$$|\mathcal{F}(n)| \leqslant \binom{(n-1)-1}{(k-1)-1} = \binom{n-2}{k-2}$$

因此

$$|\mathcal{F}| = |\mathcal{F}(n)| + |\mathcal{F}(\bar{n})| \leqslant \binom{n-2}{k-2} + \binom{n-2}{k-1} = \binom{n-1}{k-1}$$

这就完成了埃尔德什-柯-拉多定理的移位方法证明。　　　　　　　　　　■

1.4　非平凡相交集族的希尔顿-米尔纳定理

如果 $\mathcal{F} \in \binom{[n]}{k}$ 是一个相交集族且 $\bigcap\{F : F \in \mathcal{F}\} = \varnothing$（即 $\mathcal{F}$ 不是星型集族），则称 $\mathcal{F}$ 是一个**非平凡相交集族**。本节介绍埃尔德什-柯-拉多定理的一个强稳定性结论——**希尔顿-米尔纳定理**。该定理确定了非平凡相交集族大小的最大值。

定理 1.2（希尔顿-米尔纳定理[8]） 设 $n \geqslant 2k$，若 $\mathcal{F} \subseteq \binom{[n]}{k}$ 是一个非平凡相交集族，那么

$$|\mathcal{F}| \leqslant \binom{n-1}{k-1} - \binom{n-k-1}{k-1} + 1 \tag{1.2}$$

定义希尔顿-米尔纳集族

$$\mathcal{H}(n,k) = \left\{ F \in \binom{[n]}{k} : 1 \in F, F \cap [2, k+1] \neq \varnothing \right\} \cup \{[2, k+1]\}$$

容易验证 $\mathcal{H}(n,k)$ 是一个非平凡相交集族，且 $|\mathcal{H}(n,k)| = \binom{n-1}{k-1} - \binom{n-k-1}{k-1} + 1$，这表明式（1.2）是最佳可能的。

希尔顿-米尔纳定理最初由安东尼·希尔顿（Anthony Hilton）和埃里克·米尔纳（Eric Milner）证明[8]，现在已经有很多不同的证明方法[9-16]。本节介绍一个源自彼得·弗兰克尔和佐尔坦·菲雷迪[11]的证明，使用的主要方法是移位方法。

对于 $\mathcal{F} \subseteq \binom{[n]}{k}$ 和 $T \subseteq [n]$，若对所有 $F \in \mathcal{F}$ 都有 $T \cap F \neq \varnothing$，则称 T 为 $\mathcal{F}$ 的一个**覆盖**。

对于 $\mathcal{F} \subseteq \binom{[n]}{k}$ 和 $i, j \in [n]$，定义

$$\mathcal{F}(i,j)=\{F\setminus\{i,j\}:\{i,j\}\subseteq F\in\mathcal{F}\},\ \mathcal{F}(\bar{i},j)=\{F\setminus\{i,j\}:F\in\mathcal{F},F\cap\{i,j\}=\{j\}\}$$

定理 1.2 的证明[11]：设 $\mathcal{F}\subseteq\binom{[n]}{k}$ 是一个最大的非平凡相交集族。当对 $\mathcal{F}$ 进行移位运算时，我们始终将运算得到的集族也称为 $\mathcal{F}$。下面我们分两种情形分析。

情形 1：$\mathcal{F}$ 是非平凡相交集族，存在某个 (i,j) 使得 $S_{ij}(\mathcal{F})$ 是一个星型集族。

不妨设 $S_{12}(\mathcal{F})$ 是一个星型集族，那么 $S_{12}(\mathcal{F})$ 必然是一个以 1 为中心的星型集族。因此 $(1,2)$ 是 $\mathcal{F}$ 的覆盖。根据 $|\mathcal{F}|$ 的最大性，$(1,2)$ 在 $\mathcal{F}$ 中是满的，即 $\mathcal{F}(1,2)=\binom{[3,n]}{k-2}$。将任意的 S_{ij}（$3\le i<j\le n$）应用到 $\mathcal{F}$ 上，则 $S_{ij}(\mathcal{F})$ 一定还是非平凡的。若存在另一对 (i,j)，使得 $S_{ij}(\mathcal{F})$ 是一个星型集族，不妨设 $(i,j)=(3,4)$，那么 $S_{34}(\mathcal{F})$ 是一个星型集族并且 $\{3,4\}$ 在 $\mathcal{F}$ 中也是满的，这样一定能找到两个不相交的 $k-2$ 元集合 E_1,E_2 使得 $\{1,2\}\cup E_1,\{3,4\}\cup E_2\in\mathcal{F}$ 且 $(\{1,2\}\cup E_1)\cap(\{3,4\}\cup E_2)=\varnothing$，这与 $\mathcal{F}$ 是相交集族矛盾。因此，将任意的 S_{ij}（$3\le i<j\le n$）应用到 $\mathcal{F}$ 上，则 $S_{ij}(\mathcal{F})=\mathcal{F}$ 且 $\mathcal{F}$ 是非平凡的，从而可以假设 $\mathcal{F}$ 在 $[3,n]$ 上是移位稳定的。

注意到 $(1,2)$ 是 $\mathcal{F}$ 的覆盖且 $\mathcal{F}(1,\bar{2})\ne\varnothing$，$\mathcal{F}(\bar{1},2)\ne\varnothing$。因为 $\mathcal{F}$ 在 $[3,n]$ 上是移位稳定的，所以 $[3,k+1]\in\mathcal{F}(1,\bar{2})\cap\mathcal{F}(\bar{1},2)$，即 $\{1,3,\cdots,k+1\},\{2,3,\cdots,k+1\}\in\mathcal{F}$，这说明 $\{2,3,\cdots,k+1\}\in S_{12}(\mathcal{F})$，故 $S_{12}(\mathcal{F})$ 不再是一个星型集族。从而可以将移位运算 S_{12} 应用于 $\mathcal{F}$。因此，按以上顺序重复将移位运算应用于 $\mathcal{F}$，最终 $\mathcal{F}$ 会变成一个移位稳定的非平凡相交集族。

情形 2：$\mathcal{F}$ 是移位稳定的。

此时对 (n,k) 进行归纳证明。当 $n=2k$ 时，由埃尔德什-柯-拉多定理可得

$$|\mathcal{F}|\le\binom{n-1}{k-1}=\binom{n-1}{k-1}-\binom{n-k-1}{k-1}+1$$

当 $k=2$ 时，有

$$|\mathcal{F}|=3=\binom{n-1}{k-1}-\binom{n-k-1}{k-1}+1$$

定理 1.2 显然成立。

假设 $n>2k$，且定理 1.2 对于 $(n-1,k)$ 和 $(n-1,k-1)$ 成立，考虑 (n,k) 的情况。根据移位稳定的性质，有 $[2,k+1]\in\mathcal{F}$，因此 $\mathcal{F}(\bar{n})$ 一定是非平凡相交的。根据归纳假设，有

$$\mathcal{F}(\bar{n})\le\binom{(n-1)-1}{k-1}-\binom{(n-1)-k-1}{k-1}+1=\binom{n-2}{k-1}-\binom{n-k-2}{k-1}+1 \tag{1.3}$$

由 1.3 节中的断言知，$\mathcal{F}(n)$ 也是相交集族。下面分两种子情形进行证明。

子情形 2.1：$\mathcal{F}(n)$ 是一个星型集族（以 1 为中心）。

由于 $[2, k+1] \in \mathcal{F}$，$\mathcal{F}(n)$ 中的每个集合都含有 1 且与 $[2, k+1]$ 相交，因此

$$\mathcal{F}(n) \leqslant \binom{n-2}{k-2} - \binom{n-2-k}{k-2} \qquad (1.4)$$

将式（1.3）和式（1.4）相加，可以得到

$$|\mathcal{F}| = |\mathcal{F}(n)| + |\mathcal{F}(\bar{n})| \leqslant \binom{n-1}{k-1} - \binom{n-k-1}{k-1} + 1$$

子情形 2.2：$\mathcal{F}(n)$ 是一个非平凡相交集族。

根据归纳假设，当 $k \geqslant 3$ 时，有

$$\begin{aligned}
|\mathcal{F}(n)| &\leqslant \binom{(n-1)-1}{(k-1)-1} - \binom{(n-1)-(k-1)-1}{(k-1)-1} + 1 \\
&= \binom{n-2}{k-2} - \binom{n-k-2}{k-2} - \binom{n-k-2}{k-3} + 1 \\
&\leqslant \binom{n-2}{k-2} - \binom{n-k-2}{k-2} \qquad (1.5)
\end{aligned}$$

将式（1.3）和式（1.5）相加，有

$$\begin{aligned}
|\mathcal{F}| = |\mathcal{F}(n)| + |\mathcal{F}(\bar{n})| &\leqslant \binom{n-2}{k-1} - \binom{n-k-2}{k-1} + \binom{n-2}{k-2} - \binom{n-k-2}{k-2} + 1 \\
&= \binom{n-1}{k-1} - \binom{n-k-1}{k-1} + 1
\end{aligned}$$

这就完成了希尔顿-米尔纳定理的证明。 □

📖 **注意**：在子情形 2.2 中，当且仅当 $k = 3$ 时式（1.2）取等号，此时 $\mathcal{F}(n)$ 是普通图。因为 $\mathcal{F}(n)$ 是非平凡相交集族，所以 $\mathcal{F}(n)$ 是三角形。令 $\mathcal{F}(n) = \{(1,2),(1,3),(2,3)\}$，那么 $(1,2,n),(1,3,n),(2,3,n) \in \mathcal{F}$，而 $\mathcal{F}$ 是移位稳定的，所以对于任意的 $i, j, \ell \in [4, n]$，都有 $(1,2,i),(1,3,j),(2,3,\ell) \in \mathcal{F}$，因此

$$\mathcal{F} = \left\{ F \in \binom{[n]}{3} : |F \cap \{1,2,3\}| \geqslant 2 \right\}$$

即 $\mathcal{F}$ 是一个三角形集族。容易验证在子情形 2.1 中，当且仅当 $\mathcal{F}$ 是 $\mathcal{H}(n, k)$ 时式（1.2）取等号。

1.5 克鲁斯卡尔-卡托纳定理

克鲁斯卡尔-卡托纳定理[17, 18]是极值集合论中一个非常重要的结论，也称为影子定理。该定理为给定大小的 $k-$ 一致集族提供了影子个数的最优下界，在极值集合论的很多问题中都有非常重要的应用。

对于 $\mathcal{F} \subseteq \binom{[n]}{k}$，定义 $\mathcal{F}$ 的 ℓ 阶影子为

$$\partial^{(\ell)}\mathcal{F} = \left\{E \in \binom{n}{k-\ell} : 存在 F \in \mathcal{F} 使得 E \subseteq F\right\} = \bigcup_{F \in \mathcal{F}} \binom{F}{k-\ell}$$

当 $\ell = 1$ 时，可以将其简记为 $\partial\mathcal{F}$，并称为 $\mathcal{F}$ 的**影子**。著名的影子定理确定了当给定 $|\mathcal{F}|$ 的值时 $|\partial\mathcal{F}|$ 的最小值，即当 $|\mathcal{F}| = m$ 时 $|\partial\mathcal{F}|$ 的最小值。

定义 $\mathcal{F} \subseteq \binom{[n]}{k}$ 上的一个全序-**协字典序**如下：对于任意集合 $A, B \in \binom{[n]}{k}$，

$$A <_c B \text{ 当且仅当 } \max\{i : i \in A \setminus B\} < \max\{i : i \in B \setminus A\}$$

用 $\mathcal{C}(n, k, m)$ 表示 $\binom{[n]}{k}$ 在协字典序下排在前 m 位的 k 元集合构成的集族。

例：$\mathcal{F} = \binom{[6]}{3}$ 中的元素按协字典序排序为

$$123 <_c 124 <_c 134 <_c 234 <_c 125 <_c 135 <_c 235 <_c 145 <_c 245 <_c 345 <_c$$
$$126 <_c 136 <_c 236 <_c 146 <_c 246 <_c 346 <_c 156 <_c 256 <_c 356 <_c 456$$

定理 1.3（影子定理[17, 18]） 设 $\mathcal{F} \subseteq \binom{[n]}{k}$ 且 $|\mathcal{F}| = m$，则有

$$|\partial\mathcal{F}| \geq |\partial\mathcal{C}(n, k, m)| \qquad (1.6)$$

对于任意正整数 m，都有唯一的 k-级联表示：

$$m = \binom{a_k}{k} + \binom{a_{k-1}}{k-1} + \cdots + \binom{a_s}{s}$$

其中 $a_k > a_{k-1} > \cdots > a_s \geqslant 1$。

例：若 $m = 100$，$k = 5$，首先取最大的 a_k 使得 $\begin{pmatrix} a_k \\ k \end{pmatrix} \leqslant m$，之后取最大的 a_{k-1} 使得 $\begin{pmatrix} a_{k-1} \\ k-1 \end{pmatrix} \leqslant m - \begin{pmatrix} a_k \\ k \end{pmatrix}$，如此重复，即可得到唯一的 k-级联表示

$$100 = \begin{pmatrix} 8 \\ 5 \end{pmatrix} + \begin{pmatrix} 7 \\ 4 \end{pmatrix} + \begin{pmatrix} 4 \\ 3 \end{pmatrix} + \begin{pmatrix} 3 \\ 2 \end{pmatrix} + \begin{pmatrix} 2 \\ 1 \end{pmatrix}$$

根据 m 的 k-级联表示，可以确定 $\left| \partial \mathcal{C}(n,k,m) \right|$ 的 k-级联表示。令

$$\mathcal{H}_1 = \begin{pmatrix} [a_k] \\ k \end{pmatrix}$$

$$\mathcal{H}_2 = \left\{ \{a_k + 1\} \cup E : E \in \begin{pmatrix} [a_{k-1}] \\ k-1 \end{pmatrix} \right\}$$

$$\mathcal{H}_3 = \left\{ \{a_k + 1, a_{k-1} + 1\} \cup E : E \in \begin{pmatrix} [a_{k-2}] \\ k-2 \end{pmatrix} \right\}$$

$$\vdots$$

$$\mathcal{H}_s = \left\{ \{a_k + 1, a_{k-1} + 1, \cdots, a_{s+1} + 1\} \cup E : E \in \begin{pmatrix} [a_s] \\ s \end{pmatrix} \right\}$$

注意到 $\mathcal{C}(n,k,m) = \mathcal{H}_1 \cup \mathcal{H}_2 \cup \cdots \cup \mathcal{H}_s$ 且 $|\mathcal{H}_i| = \begin{pmatrix} a_i \\ i \end{pmatrix}$（$i = k, k-1, \cdots, s$）。容易看出

$$\partial \mathcal{H}_1 = \begin{pmatrix} [a_k] \\ k-1 \end{pmatrix}$$

$$\partial \mathcal{H}_2 \setminus \partial \mathcal{H}_1 = \left\{ \{a_k + 1\} \cup E' : E' \in \begin{pmatrix} [a_{k-1}] \\ k-2 \end{pmatrix} \right\}$$

$$\partial \mathcal{H}_3 \setminus (\partial \mathcal{H}_1 \cup \partial \mathcal{H}_2) = \left\{ \{a_k + 1, a_{k-1} + 1\} \cup E' : E' \in \begin{pmatrix} [a_{k-2}] \\ k-3 \end{pmatrix} \right\}$$

$$\vdots$$

$$\partial \mathcal{H}_s \setminus (\partial \mathcal{H}_1 \cup \cdots \cup \partial \mathcal{H}_{s-1}) = \left\{ \{a_k + 1, a_{k-1} + 1, \cdots, a_{s+1} + 1\} \cup E' : E \in \begin{pmatrix} [a_s] \\ s-1 \end{pmatrix} \right\}$$

所以

$$\left|\partial\mathcal{C}(n,k,m)\right| = \sum_{i=1}^{s}\left|\partial\mathcal{H}_i \setminus \left(\partial\mathcal{H}_1 \bigcup \cdots \bigcup \partial\mathcal{H}_{i-1}\right)\right|$$

$$= \binom{a_k}{k-1} + \binom{a_{k-1}}{k-2} + \cdots + \binom{a_s}{s-1}$$

因此，影子定理也可以改写为以下形式：如果 $\mathcal{F} \subseteq \binom{[n]}{k}$ 满足 $|\mathcal{F}| = \binom{a_k}{k} + \binom{a_{k-1}}{k-1} + \cdots + \binom{a_s}{s}$，那么

$$|\partial\mathcal{F}| \geqslant \binom{a_k}{k-1} + \binom{a_{k-1}}{k-2} + \cdots + \binom{a_s}{s-1} \tag{1.7}$$

对于给定实数 $x \geqslant k$，定义

$$\binom{x}{k} = \frac{x(x-1)\cdots(x-k+1)}{k!}$$

拉兹洛·洛瓦斯给出了以下版本的影子定理。

定理 1.4（洛瓦斯版本的影子定理[19]） 令 $\mathcal{F} \subseteq \binom{[n]}{k}$，若存在实数 x（$k \leqslant x \leqslant n$），满足 $|\mathcal{F}| = \binom{x}{k}$，那么

$$|\partial\mathcal{F}| \geqslant \binom{x}{k-1} \tag{1.8}$$

彼得·弗兰克尔[20]通过移位方法给出了定理 1.4 的一个非常简短的证明。值得一提的是，2024 年，赵庭伟和余竑勋[21]给出了定理 1.4 的一个使用信息熵方法的证明。

引理 1.2[7] 令 $\mathcal{F} \subseteq \binom{[n]}{k}$ 是一个 k-一致集族，那么 $\left|\partial^{(\ell)} S_{ij}(\mathcal{F})\right| \leqslant \left|\partial^{(\ell)}\mathcal{F}\right|$。

证明： 我们将证明 $\partial^{(\ell)} S_{ij}(\mathcal{F}) \subseteq S_{ij}\left(\partial^{(\ell)}\mathcal{F}\right)$，从而 $\left|\partial^{(\ell)} S_{ij}(\mathcal{F})\right| \leqslant \left|S_{ij}\left(\partial^{(\ell)}\mathcal{F}\right)\right| = \left|\partial^{(\ell)}\mathcal{F}\right|$。对于任意的 $E \in \partial^{(\ell)} S_{ij}(\mathcal{F})$，我们需要证明 $E \in S_{ij}\left(\partial^{(\ell)}\mathcal{F}\right)$。由于 $E \in \partial^{(\ell)} S_{ij}(\mathcal{F})$，所以存在 $F \in \mathcal{F}$ 使得 $E \subseteq S_{ij}(F)$。下面分两种情形分析。

情形 1：$S_{ij}(F) = F$。

此时有 $E \subseteq F$，因此 $E \in \partial^{(\ell)} \mathcal{F}$。如果 $S_{ij}(E) = E$，那么 $E \in S_{ij}(\partial^{(\ell)} \mathcal{F})$ 显然成立，所以可以假设 $S_{ij}(E) = E' = (E \setminus \{j\}) \cup \{i\}$，从而 $j \in E$，$i \notin E$，且 $E' \notin \partial^{(\ell)} \mathcal{F}$。由于 $E \subseteq S_{ij}(F) = F$，可以得出 $i \in F$ 或者 $F' = (F \setminus \{j\}) \cup \{i\} \in \mathcal{F}$。无论 $i \in F$ 还是 $F' \in \mathcal{F}$，都会使得 $E' \in \partial^{(\ell)} \mathcal{F}$，矛盾。

情形 2：$S_{ij}(F) = F'$。

此时有 $E \subseteq F'$ 且 $j \in F$，$i \notin F$，$F' \notin \mathcal{F}$。若 $i \notin E$，那么 $E \subseteq F$，从而 $E \in \partial^{(\ell)} \mathcal{F}$ 且 $S_{ij}(E) = E$。因此 $E \in S_{ij}(\partial^{(\ell)} \mathcal{F})$。若 $i \in E$，定义 $\tilde{E} = (E \setminus \{i\}) \cup \{j\}$，那么 $\tilde{E} \subseteq F$，即 $\tilde{E} \in \partial^{(\ell)} \mathcal{F}$。如果 $S_{ij}(\tilde{E}) = E$，则有 $E \in S_{ij}(\partial^{(\ell)} \mathcal{F})$。否则由 $S_{ij}(\tilde{E}) = \tilde{E}$ 可以推出 $E \in \partial^{(\ell)} \mathcal{F}$。由于 $i \in E$，必然有 $S_{ij}(E) = E$，因此 $E \in S_{ij}(\partial^{(\ell)} \mathcal{F})$，引理 1.2 得证。 □

事实 1.1[20]　*如果 $\mathcal{F}$ 是移位稳定的，那么*

$$\partial \mathcal{F}(\bar{1}) \subseteq \mathcal{F}(1) \tag{1.9}$$

证明： 设 $E \in \partial \mathcal{F}(\bar{1})$，那么 $E \subseteq F \in \mathcal{F}(\bar{1})$，从而存在 $x \neq 1$ 使得 $E \cup \{x\} \in \mathcal{F}$。由于 $E \cup \{1\} \prec E \cup \{x\}$ 且 $\mathcal{F}$ 是移位稳定的，$E \cup \{1\} \in \mathcal{F}$，因此该事实成立。 □

下面我们分析由彼得·弗兰克尔给出的洛瓦斯版本的影子定理的证明。

定理 1.4 的证明[20]：由于移位运算不会增加 k-一致集族的 ℓ 阶影子的个数，所以可以假设 $\mathcal{F} \subseteq \begin{bmatrix} [n] \\ k \end{bmatrix}$ 是移位稳定的。

根据事实 1.1 可知

$$\partial \mathcal{F} = \bigcup_{F \in \mathcal{F}} \binom{F}{k-1} = \left[\bigcup_{1 \in F \in \mathcal{F}} \binom{F}{k-1} \right] \cup \left[\bigcup_{1 \notin F \in \mathcal{F}} \binom{F}{k-1} \right] = \mathcal{F}(1) \cup \{\{1\} \cup E : E \in \partial \mathcal{F}(1)\}$$

因此，$\partial \mathcal{F}$ 中所有不包含 1 的集合构成的集族恰好为 $\mathcal{F}(1)$，$\partial \mathcal{F}$ 中所有包含 1 的集合的个数恰好为 $|\partial \mathcal{F}(1)|$。所以

$$|\partial \mathcal{F}| = |\mathcal{F}(1)| + |\partial \mathcal{F}(1)|$$

我们对 (n,k) 进行归纳证明。对于 $k=1$ 和 $n=k$，定理 1.4 显然成立。如果 $|\mathcal{F}(1)| \geq \binom{x-1}{k-1}$，对 $\mathcal{F}(1)$ 进行归纳假设，有 $|\partial \mathcal{F}(1)| \geq \binom{x-1}{k-2}$，从而

$$|\partial\mathcal{F}| = |\mathcal{F}(1)| + |\partial\mathcal{F}(1)| \geqslant \binom{x-1}{k-1} + \binom{x-1}{k-2} = \binom{x}{k-1}$$

否则 $|\mathcal{F}(1)| < \binom{x-1}{k-1}$，由于 $\binom{x}{k} = |\mathcal{F}| = |\mathcal{F}(1)| + |\mathcal{F}(\bar{1})|$，因此

$$\mathcal{F}(\bar{1}) = |\mathcal{F}| - |\mathcal{F}(1)| > \binom{x}{k} - \binom{x-1}{k-1} = \binom{x-1}{k}$$

对 $\mathcal{F}(\bar{1})$ 进行归纳假设，有 $|\partial\mathcal{F}(\bar{1})| \geqslant \binom{x-1}{k-1}$。因此 $|\partial\mathcal{F}(\bar{1})| > |\mathcal{F}(1)|$，这与事实 1.1 矛盾。因此定理 1.4 得证。 □

1.6 希尔顿引理

本节介绍影子定理的一个非常有用的变形，称为**希尔顿引理**。该引理由安东尼·希尔顿最早提出并证明，后来研究者们才意识到这是影子定理的一个变形。下面给出一些定义。

定义在 $\binom{[n]}{k}$ 上的**字典序**：对于任意 $A, B \in \binom{[n]}{k}$，

$$A <_{\mathrm{L}} B \text{ 当且仅当 } \min\{i : i \in A \setminus B\} < \min\{i : i \in B \setminus A\}$$

用 $\mathcal{L}(n,k,m)$ 表示 $\binom{[n]}{k}$ 在字典序下排在前 m 位的 k 元集合构成的集族，用 $\overline{\mathcal{L}}(n,k,m)$ 表示 $\binom{[n]}{k}$ 在字典序下排在后 m 位的 k 元集合构成的集族。

例：$F = \binom{[6]}{3}$ 中的元素按字典序排序为

$$123 <_{\mathrm{L}} 124 <_{\mathrm{L}} 125 <_{\mathrm{L}} 126 <_{\mathrm{L}} 134 <_{\mathrm{L}} 135 <_{\mathrm{L}} 136 <_{\mathrm{L}} 145 <_{\mathrm{L}} 146 <_{\mathrm{L}} 156 <_{\mathrm{L}} 234 <_{\mathrm{L}}$$

$$235 <_{\mathrm{L}} 236 <_{\mathrm{L}} 245 <_{\mathrm{L}} 246 <_{\mathrm{L}} 256 <_{\mathrm{L}} 345 <_{\mathrm{L}} 346 <_{\mathrm{L}} 356 <_{\mathrm{L}} 456$$

用 ϕ 和 Ψ 表示两个定义在集族上的映射。定义 $\phi : \binom{[n]}{k} \to \binom{[n]}{n-k}$：对于任意 $A \in \binom{[n]}{k}$，

有 $\phi(A)=[n]\backslash A$。定义 $\psi:\binom{[n]}{k}\to\binom{[n]}{k}$：对于任意 $A\in\binom{[n]}{k}$，有 $\psi(A)=\{n+1-x:x\in A\}$。

对于任意 $\mathcal{F}\subseteq\binom{[n]}{k}$，定义

$$\phi(\mathcal{F})=\{\phi(F):F\in\mathcal{F}\},\psi(\mathcal{F})=\{\psi(F):F\in\mathcal{F}\}$$

容易验证以下两个等式成立：

$$\phi\big(\mathcal{L}(n,k,m)\big)=\overline{\mathcal{L}}(n,n-k,m) \tag{1.10}$$

$$\psi\big(\overline{\mathcal{L}}(n,k,m)\big)=\mathcal{C}(n,k,m) \tag{1.11}$$

根据式（1.11），影子定理也可以表示成以下形式。

若 $\mathcal{F}\subseteq\binom{[n]}{k}$，$|\mathcal{F}|=m$，则有

$$|\partial\mathcal{F}|\geqslant\big|\partial\mathcal{C}(n,k,m)\big|=\big|\partial\overline{\mathcal{L}}(n,k,m)\big| \tag{1.12}$$

设 $\mathcal{A}\subseteq\binom{[n]}{a}$ 和 $\mathcal{B}\subseteq\binom{[n]}{b}$，如果对于任意 $A\in\mathcal{A},B\in\mathcal{B}$ 都有 $A\bigcap B\neq\varnothing$，则称 $\mathcal{A}$ 和 $\mathcal{B}$ 为

交叉相交集族。

引理 1.3（希尔顿引理[22]）　令 n,a,b 为正整数且满足 $n\geqslant a+b$。如果 $\mathcal{A}\subseteq\binom{[n]}{a}$ 和 $\mathcal{B}\subseteq\binom{[n]}{b}$ 为交叉相交集族，那么 $\mathcal{L}\big(n,a,|\mathcal{A}|\big)$ 和 $\mathcal{L}\big(n,b,|\mathcal{B}|\big)$ 也是交叉相交的。

证明： 由于集族 $\mathcal{A},\mathcal{B}$ 是交叉相交集族，对于任意 $A\in\mathcal{A},B\in\mathcal{B}$ 都有 $A\bigcap B\neq\varnothing$。回顾 $\phi(A)=[n]\backslash A$，$|\phi(A)|=n-a$，容易验证

$$A\bigcap B\neq\varnothing \text{ 当且仅当 } B\not\subseteq\phi(A)$$

因此 $\mathcal{A},\mathcal{B}$ 是交叉相交集族当且仅当 $\partial^{(n-a-b)}\phi(\mathcal{A})\bigcap\mathcal{B}=\varnothing$。注意到 $\partial^{(n-a-b)}\phi(\mathcal{A})\subseteq\binom{[n]}{b}$ 且 $\mathcal{B}\subseteq\binom{[n]}{b}$，因此

$$|\partial^{(n-a-b)}\phi(\mathcal{A})| + |\mathcal{B}| \leqslant \binom{n}{b} \qquad (1.13)$$

同时为了证明引理 1.3，需证明

$$\partial^{(n-a-b)}\phi\big(\mathcal{L}\big(n,a,|\mathcal{A}|\big)\big) \bigcap \mathcal{L}\big(n,b,|\mathcal{B}|\big) = \varnothing \qquad (1.14)$$

根据式（1.10），有 $\phi\big(\mathcal{L}\big(n,a,|\mathcal{A}|\big)\big) = \overline{\mathcal{L}}\big(n,n-a,|\mathcal{A}|\big)$。因此，证明式（1.14）只需证明

$$\partial^{(n-a-b)}\overline{\mathcal{L}}\big(n,n-a,|\mathcal{A}|\big) \bigcap \mathcal{L}\big(n,b,|\mathcal{B}|\big) = \varnothing \qquad (1.15)$$

根据影子定理，有

$$\left|\partial^{(n-a-b)}\overline{\mathcal{L}}\big(n,n-a,|\mathcal{A}|\big)\right| = \left|\partial^{(n-a-b)}\overline{\mathcal{L}}\big(n,n-a,|\phi(\mathcal{A})|\big)\right| \leqslant \left|\partial^{(n-a-b)}\big(\phi(\mathcal{A})\big)\right|$$

从而

$$\left|\partial^{(n-a-b)}\overline{\mathcal{L}}\big(n,n-a,|\mathcal{A}|\big)\right| + \left|\mathcal{L}\big(n,b,|\mathcal{B}|\big)\right| \leqslant \left|\partial^{(n-a-b)}\big(\phi(\mathcal{A})\big)\right| + |\mathcal{B}|$$

由式（1.13）可以得到

$$\left|\partial^{(n-a-b)}\overline{\mathcal{L}}\big(n,n-a,|\mathcal{A}|\big)\right| + \left|\mathcal{L}\big(n,b,|\mathcal{B}|\big)\right| \leqslant \binom{n}{b}$$

注意到 $\partial^{(n-a-b)}\overline{\mathcal{L}}\big(n,n-a,|\mathcal{A}|\big)$ 是在字典序下排在后面的一段，而 $\mathcal{L}\big(n,b,|\mathcal{B}|\big)$ 是在字典序下排在前面的一段，因此式（1.15）得证，故式（1.14）得证，引理 1.3 得证。　　□

1.7　皮贝尔定理

本节我们将应用**希尔顿引理**完成**皮贝尔定理**的证明，该证明由彼得·弗兰克尔和安德烈·库帕夫斯基（Andrey Kupavskii）给出。皮贝尔定理是埃尔德什-柯-拉多定理的一个推广，受到了研究者们的广泛关注。

下面我们来证明一个简单的命题。

命题 1.3 设 $\mathcal{A}, \mathcal{B} \subseteq \begin{pmatrix} [n] \\ k \end{pmatrix}$ 是两个交叉相交集族，如果 $n \geqslant 2k$ ，则

$$|\mathcal{A}| + |\mathcal{B}| \leqslant \begin{pmatrix} n \\ k \end{pmatrix}$$

证明： 从 $\begin{pmatrix} [n] \\ k \end{pmatrix}$ 中均匀随机地选出一个 2-匹配 (A, B) ，那么

$$P_r(A \in \mathcal{A}) = \frac{|\mathcal{A}|}{\begin{pmatrix} n \\ k \end{pmatrix}}, \quad P_r(B \in \mathcal{B}) = \frac{|\mathcal{B}|}{\begin{pmatrix} n \\ k \end{pmatrix}}$$

令 $\mathbb{1}(A \in \mathcal{A})$ 为一个指示随机变量，当 $A \in \mathcal{A}$ 时取值为 1，当 $A \notin \mathcal{A}$ 时取值为 0。同样地，令 $\mathbb{1}(B \in \mathcal{B})$ 为一个指示随机变量，当 $B \in \mathcal{B}$ 时取值为 1，当 $B \notin \mathcal{B}$ 时取值为 0。由于 $\mathcal{A}$ 和 $\mathcal{B}$ 是交叉相交的，那么必然有

$$\mathbb{1}(A \in \mathcal{A}) + \mathbb{1}(B \in \mathcal{B}) \leqslant 1$$

两边同时取期望，即

$$E\left[\mathbb{1}(A \in \mathcal{A})\right] + E\left[\mathbb{1}(B \in \mathcal{B})\right] \leqslant 1$$

可得

$$P_r(A \in \mathcal{A}) + P_r(B \in \mathcal{B}) \leqslant 1$$

故

$$\frac{|\mathcal{A}|}{\begin{pmatrix} n \\ k \end{pmatrix}} + \frac{|\mathcal{B}|}{\begin{pmatrix} n \\ k \end{pmatrix}} \leqslant 1$$

从而 $|\mathcal{A}| + |\mathcal{B}| \leqslant \begin{pmatrix} n \\ k \end{pmatrix}$ ，命题 1.3 得证。 □

定理 1.5（皮贝尔定理[23]） 设 $\mathcal{A}, \mathcal{B} \subseteq \begin{pmatrix} [n] \\ k \end{pmatrix}$ 是两个交叉相交集族，如果 $n \geqslant 2k$ ，则

$$|\mathcal{A}||\mathcal{B}| \leqslant \begin{pmatrix} n-1 \\ k-1 \end{pmatrix}^2 \tag{1.16}$$

证明： 不妨设 $|\mathcal{A}| > \binom{n-1}{k-1} \geqslant |\mathcal{B}|$，若 $|\mathcal{B}| \leqslant \binom{n-2}{k-2}$，则

$$|\mathcal{A}||\mathcal{B}| \leqslant \binom{n}{k}\binom{n-2}{k-2} = \frac{n}{k}\binom{n-1}{k-1}\frac{k-1}{n-1}\binom{n-1}{k-1} = \frac{(k-1)n}{k(n-1)}\binom{n-1}{k-1}^2 < \binom{n-1}{k-1}^2$$

因此可以假设 $|\mathcal{B}| > \binom{n-2}{k-2}$。应用希尔顿引理，我们可以假设 $\mathcal{A} = \mathcal{L}(n,k,|\mathcal{A}|)$，$\mathcal{B} = \mathcal{L}(n,k,|\mathcal{B}|)$，即 $\mathcal{A},\mathcal{B}$ 都是在字典序下排在前面的连续的集合构成的集族。由 $|\mathcal{A}| > \binom{n-1}{k-1}$ 可以推出

$$\left\{ F \in \binom{[n]}{k} : 1 \in F \right\} \subseteq \mathcal{A}$$

由 $|\mathcal{B}| > \binom{n-2}{k-2}$ 可以推出

$$\left\{ F \in \binom{[n]}{k} : \{1,2\} \subseteq F \right\} \subseteq \mathcal{B}$$

由于 $\mathcal{A},\mathcal{B}$ 是交叉相交的，所以

$$\mathcal{B} \subseteq \left\{ F \in \binom{[n]}{k} : 1 \in F \right\}, \mathcal{A} \subseteq \left\{ F \in \binom{[n]}{k} : F \cap \{1,2\} \neq \varnothing \right\}$$

从而

$$|\mathcal{A}| = |\mathcal{A}(1)| + |\mathcal{A}(\overline{1},2)| \leqslant \binom{n-1}{k-1} + |\mathcal{A}(\overline{1},2)|$$

$$|\mathcal{B}| = |\mathcal{B}(1,2)| + |\mathcal{B}(1,\overline{2})| \leqslant \binom{n-2}{k-2} + |\mathcal{B}(1,\overline{2})|$$

由于 $\mathcal{A}(1,\overline{2}), \mathcal{B}(\overline{1},2) \subseteq \binom{[3,n]}{k-1}$ 是交叉相交的，根据命题 1.3 可得

$$|\mathcal{A}(\overline{1},2)| + |\mathcal{B}(1,\overline{2})| \leqslant \binom{n-2}{k-1}$$

从而

$$|\mathcal{A}| + |\mathcal{B}| \leqslant \binom{n-1}{k-1} + \binom{n-2}{k-2} + \binom{n-2}{k-1} = 2\binom{n-1}{k-1}$$

根据均值不等式，得

$$|\mathcal{A}||\mathcal{B}| \leqslant \left(\frac{|\mathcal{A}|+|\mathcal{B}|}{2}\right)^2 = \binom{n-1}{k-1}^2 \qquad \square$$

1.8　卡托纳相交影子定理

在讲解卡托纳相交影子定理之前，本节先介绍一下施佩纳影子定理。

定理 1.6（施佩纳影子定理[25]） 令 $\mathcal{F} \subseteq \binom{[n]}{k}$，则有

$$\frac{\left|\partial^{(\ell)}\mathcal{F}\right|}{\binom{n}{k-\ell}} \geqslant \frac{|\mathcal{F}|}{\binom{n}{k}}$$

证明： 定义一个二元组集合

$$\Omega = \left\{ (E,F) : E \in \partial^{(\ell)}\mathcal{F}, F \in \mathcal{F}, E \subseteq F \right\}$$

一方面，对于给定的 $F \in \mathcal{F}$，满足条件的 E 恰好有 $\binom{k}{k-\ell}$ 个。另一方面，对于给定的 $E \in \partial^{(\ell)}\mathcal{F}$，满足条件的 F 至多有 $\binom{n-k+\ell}{\ell}$ 个。所以

$$|\Omega| = |\mathcal{F}|\binom{k}{k-\ell} \leqslant \left|\partial^{(\ell)}\mathcal{F}\right|\binom{n-k+\ell}{\ell}$$

从而

$$\frac{\left|\partial^{(\ell)}\mathcal{F}\right|}{\binom{n}{k-\ell}} \geqslant \frac{|\mathcal{F}|\binom{k}{k-\ell}}{\binom{n-k+\ell}{\ell}\binom{n}{k-\ell}} = \frac{|\mathcal{F}|\binom{k}{k-\ell}}{\binom{n}{k}\binom{k}{k-\ell}} = \frac{|\mathcal{F}|}{\binom{n}{k}}$$

这里用到了恒等式 $\binom{n}{k}\binom{k}{k-\ell} = \binom{n-k+\ell}{\ell}\binom{n}{k-\ell}$，定理 1.6 得证。 $\square$

如果对于任意 $F_1, F_2 \in \mathcal{F}$ 都有 $\left| F_1 \bigcap F_2 \right| \geqslant t$ ，则称 $\mathcal{F} \subseteq 2^{[n]}$ 是 **t-相交**的。采用与引理 1.1 几乎一样的证明方法，我们可以证明下面的引理。

> **引理 1.4**[7]　若 $\mathcal{F} \subseteq \binom{[n]}{k}$ 是 t-相交集族，则 $S_{ij}(\mathcal{F})$ 也是 t-相交集族。

久洛·卡托纳证明了一个非常有用的关于 t-相交集族的 ℓ 阶影子的不等式，即卡托纳相交影子定理。

> **定理 1.7（卡托纳相交影子定理**[24]**）**　令 $n \geqslant 2k - t$ 且 $t \geqslant \ell \geqslant 1$ ，假设 $\varnothing \neq \mathcal{F} \subseteq \binom{[n]}{k}$ 是 t-相交集族，则有
>
> $$\left| \partial^{(\ell)} \mathcal{F} \right| \geqslant \left| \mathcal{F} \right| \frac{\binom{2k-t}{k-\ell}}{\binom{2k-t}{k}} \tag{1.17}$$
>
> 当且仅当 $\mathcal{F}$ 同构于 $\binom{[2k-t]}{k}$ 时等号成立。

下面的简短证明由彼得·弗兰克尔给出。

证明[7]：由于 S_{ij} 保持 t-相交的性质且 S_{ij} 不增加 ℓ 阶影子的个数，因此可以假设 $\mathcal{F}$ 是一个移位稳定的 t-相交集族。我们需要用到下面的引理。

> **引理 1.5**[7]　设 $\mathcal{F} \subseteq \binom{[n]}{k}$ 是一个移位稳定的 t-相交集族，则对于任意的 $F \in \mathcal{F}$ ，存在非负整数 $i(F)$ $(0 \leqslant i(F) \leqslant k-t)$ 使得 $\left| F \bigcap [t + 2i(F)] \right| = t + i(F)$ 。

证明：我们需要证明存在 $0 \leqslant i \leqslant k - t$ 使得

$$\left| F \bigcap [t + 2i] \right| \geqslant t + i$$

若 $n \leqslant 2k - t$ ，则

$$\left| F \bigcap [t + 2(k-t)] \right| \geqslant \left| F \bigcap [n] \right| = k = t + (k - t)$$

结论成立，故假设 $n > 2k - t$ 。采用反证法，假设不存在这样的 i ，则对于任意的 $0 \leqslant i \leqslant$

$k-t$，$\left|F\cap[t+2i]\right|\leqslant t+i-1$，即

$$i=0，\left|F\cap[t]\right|\leqslant t-1$$

$$i=1，\left|F\cap[t+2]\right|\leqslant t$$

$$i=2，\left|F\cap[t+4]\right|\leqslant t+1$$

$$\vdots$$

定义

$$F_0=\left\{1,2,\cdots,t-1,t+1,t+3,\cdots,t+2(k-t+1)-1\right\}$$

注意到 $F_0\prec F\in\mathcal{F}$，因此 $F_0\in\mathcal{F}$。

定义

$$F_0'=\left\{1,2,\cdots,t,t+2,t+4,\cdots,t+2(k-t+1)-2\right\}$$

同样地，$F_0'\prec F\in\mathcal{F}$，因此 $F_0'\in\mathcal{F}$。但是 $\left|F_0\cap F_0'\right|=t-1$，这与 $\mathcal{F}$ 是 t-相交集族矛盾。所以存在 $0\leqslant i\leqslant k-t$ 使得 $\left|F\cap[t+2i]\right|\geqslant t+i$。

选择满足条件的最大 i 作为 $i(F)$，则有

$$\left|F\cap\left[t+2i(F)\right]\right|\geqslant t+i(F)$$

若 $i(F)=k-t$，则引理成立。否则，由于 $i(F)+1$ 不再满足条件，有

$$\left|F\cap\left[t+2i(F)+2\right]\right|\leqslant t+i(F)$$

从而 $\left|F\cap\left[t+2i(F)\right]\right|=t+i(F)$，引理 1.5 得证。 □

对于 $0\leqslant i\leqslant k-t$，定义

$$\mathcal{F}_i=\left\{F\in\mathcal{F}:i(F)=i\right\}$$

根据引理 1.5，$\mathcal{F}=\mathcal{F}_0\bigcup\mathcal{F}_1\bigcup\cdots\bigcup\mathcal{F}_{k-t}$。

对于任意的 $A \in \dbinom{[t+2i+1, n]}{k-t-i}$，定义

$$\mathcal{F}_i(A) = \left\{ E \in \dbinom{[t+2i]}{t+i} : E \cup A \in \mathcal{F}_i \right\}$$

对 $\mathcal{F}_i(A)$ 应用施佩纳影子定理可以得到

$$\frac{|\partial^{(\ell)} \mathcal{F}_i(A)|}{\dbinom{t+2i}{t+i-\ell}} \geqslant \frac{|\mathcal{F}_i(A)|}{\dbinom{t+2i}{t+i}}$$

从而

$$|\partial^{(\ell)} \mathcal{F}_i(A)| \geqslant \frac{\dbinom{t+2i}{t+i-\ell}}{\dbinom{t+2i}{t+i}} |\mathcal{F}_i(A)|$$

由于 $\dfrac{\dbinom{t+2i}{t+i-\ell}}{\dbinom{t+2i}{t+i}}$ 是一个关于 i 的单调减函数且 $i \leqslant k-t$，所以 $\dfrac{\dbinom{t+2i}{t+i-\ell}}{\dbinom{t+2i}{t+i}} \geqslant \dfrac{\dbinom{2k-t}{k-\ell}}{\dbinom{2k-t}{k}}$。因此

$$|\partial^{(\ell)} \mathcal{F}_i(A)| \geqslant \frac{\dbinom{2k-t}{k-\ell}}{\dbinom{2k-t}{k}} |\mathcal{F}_i(A)|$$

定义

$$\tilde{\partial}^{(\ell)} \mathcal{F}_i(A) = \left\{ E \cup A : E \in \partial^{(\ell)} \mathcal{F}_i(A) \right\}$$

显然有 $\tilde{\partial}^{(\ell)} \mathcal{F}_i(A) \subseteq \partial^{(\ell)} \mathcal{F}_i \subseteq \partial^{(\ell)} \mathcal{F}$。

断言：对于任意 $(i, A) \neq (j, B)$，$\tilde{\partial}^{(\ell)} \mathcal{F}_i(A) \bigcap \tilde{\partial}^{(\ell)} \mathcal{F}_j(B) = \varnothing$。

断言的证明：对于 $i = j$，若存在 $E \in \tilde{\partial}^{(\ell)} \mathcal{F}_i(A) \bigcap \tilde{\partial}^{(\ell)} \mathcal{F}_j(B)$，则可以推出 $A = E \setminus [t+2i] = B$，所以 $\tilde{\partial}^{(\ell)} \mathcal{F}_i(A) \bigcap \tilde{\partial}^{(\ell)} \mathcal{F}_i(B) = \varnothing$ 对于任意的 $A \neq B$ 成立。

对于 $i \neq j$，如果存在 $E \in \tilde{\partial}^{(\ell)} \mathcal{F}_i(A) \bigcap \tilde{\partial}^{(\ell)} \mathcal{F}_j(B)$，不妨设 $i < j$，那么存在 $I \in \binom{[t+2i]}{\ell}$ 和 $J \in \binom{[t+2j]}{\ell}$ 使得 $I \cup E \in \mathcal{F}_i$，$J \cup E \in \mathcal{F}_j$。由于 $i < j$，根据 $\mathcal{F}_i$ 的定义可知

$$\left|(I \cup E) \bigcap [t+2j]\right| < t+j = \left|(J \cup E) \bigcap [t+2j]\right|$$

从而

$$\ell \leqslant \left|I \bigcap [t+2j]\right| < \left|J \bigcap [t+2j]\right| = \ell$$

矛盾。所以 $\tilde{\partial}^{(\ell)} \mathcal{F}_i(A) \bigcap \tilde{\partial}^{(\ell)} \mathcal{F}_j(B) = \varnothing$ 对于任意的 $(i, A) \neq (j, B)$ 成立。 $\square$

综上可得

$$|\partial^{(\ell)} \mathcal{F}| \geqslant \sum_{i=0}^{k-t} \sum_{A \in \binom{[t+2i+1, n]}{k-t-i}} \left|\tilde{\partial}^{(\ell)} \mathcal{F}_i(A)\right| \geqslant \sum_{i=0}^{k-t} \sum_{A \in \binom{[t+2i+1, n]}{k-t-i}} \left|\mathcal{F}_i(A)\right| \frac{\binom{2k-t}{k-\ell}}{\binom{2k-t}{k}} = |\mathcal{F}| \frac{\binom{2k-t}{k-\ell}}{\binom{2k-t}{k}}$$

定理 1.7 得证。 ∎

1.9 卡托纳并定理

久洛·卡托纳考虑了如下问题：若 $\mathcal{F} \subseteq 2^{[n]}$ 是 t-相交的，那么 $|\mathcal{F}|$ 最大是多少？保罗·埃尔德什、柯召和理查德·拉多证明了当 $t = 1$ 时，$|\mathcal{F}| \leqslant 2^{n-1}$。久洛·卡托纳证明了若 $\mathcal{F} \subseteq 2^{[n]}$ 是 t-相交的，那么

$$|\mathcal{F}| \leqslant \begin{cases} \displaystyle\sum_{i \geqslant \frac{n+t}{2}} \binom{n}{i}, & n+t \text{是偶数} \\ \displaystyle 2 \sum_{i \geqslant \frac{n+t-1}{2}} \binom{n-1}{i}, & n+t \text{是奇数} \end{cases}$$

如果 $n+t$ 是偶数，则使得等号成立的集族为

$$\mathcal{K}'(n, t) = \left\{ \mathcal{F} \subseteq [n] : |\mathcal{F}| \geqslant \frac{n+t}{2} \right\}$$

如果 $n+t$ 是奇数，则使得等号成立的集族为

$$\mathcal{K}'(n,t)=\left\{\mathcal{F}\subseteq[n]:|\mathcal{F}|\geqslant\frac{n+t+1}{2}\right\}\cup\left(\begin{array}{c}[n-1]\\ \frac{n+t-1}{2}\end{array}\right)$$

令 $\mathcal{F}\subseteq 2^{[n]}$ ，如果对于任意 $F_1,F_2\in\mathcal{F}$ 都有 $|F_1\bigcup F_2|\leqslant u$ 成立，则称 $\mathcal{F}$ 为 **u-并集族**。如果 $|F_1\bigcup F_2|\leqslant u$ ，那么

$$\left|F_1^c\bigcap F_2^c\right|=\left|\left(F_1\bigcup F_2\right)^c\right|=n-\left|F_1\bigcup F_2\right|\geqslant n-u$$

当且仅当 $\mathcal{F}^c=\left\{[n]\backslash F:F\in\mathcal{F}\right\}$ 是 $(n-u)$-相交集族时 $\mathcal{F}$ 是 u-并集族。

> **定理 1.8（卡托纳并定理[28]）** 若 $\mathcal{F}\subseteq 2^{[n]}$ ，且 $\mathcal{F}$ 是 u-并集族， $n>u\geqslant 0$ ，那么
>
> $$|\mathcal{F}|\leqslant\begin{cases}\displaystyle\sum_{i\leqslant\frac{u}{2}}\binom{n}{i},&u\text{是偶数}\\[4mm]\displaystyle 2\sum_{i\leqslant\frac{u-1}{2}}\binom{n-1}{i},&u\text{是奇数}\end{cases}$$
>
> 如果 u 是偶数，则使得等号成立的集族为
>
> $$\mathcal{K}(n,u)=\left\{\mathcal{F}\subseteq[n]:|\mathcal{F}|\leqslant\frac{u}{2}\right\}$$
>
> 如果 u 是奇数，则使得等号成立的集族为
>
> $$\mathcal{K}(n,u)=\left\{\mathcal{F}\subseteq[n]:|\mathcal{F}|\leqslant\frac{u-1}{2}\right\}\cup\left\{\mathcal{F}\in\left(\begin{array}{c}[n]\\ \frac{u+1}{2}\end{array}\right):1\in\mathcal{F}\right\}$$

证明： 假设 $\mathcal{F}\subseteq 2^{[n]}$ 是移位稳定的，我们对 (n,u) 进行归纳证明。当 $u=0$ ， $\mathcal{F}=\{\varnothing\}$ 时，结论显然成立；当 $u=n-1$ 时，根据 $\left|\mathcal{F}\bigcap\{F,F^c\}\right|\leqslant 1$ 对于任意的 $F\in 2^{[n]}$ 成立，可推出 $|\mathcal{F}|\leqslant 2^{n-1}$ 。假设定理 1.8 对 $(n-1,u)$ 和 $(n-1,u-1)$ 都成立，证明定理 1.8 对 (n,u) 也成立。由于 $\mathcal{F}(\bar{n})\in 2^{[n-1]}$ 是 u-并集族。根据归纳假设，有

$$|\mathcal{F}(\bar{n})|\leqslant\begin{cases}\displaystyle\sum_{i\leqslant\frac{u}{2}}\binom{n-1}{i},&u\text{是偶数}\\[4mm]\displaystyle 2\sum_{i\leqslant\frac{u-1}{2}}\binom{n-2}{i},&u\text{是奇数}\end{cases}$$

断言：$\mathcal{F}(n) \subseteq 2^{[n-1]}$ 是 $(u-2)$-并集族。

断言的证明：假设存在 $E_1, E_2 \in \mathcal{F}(n)$，使得 $|E_1 \cup E_2| \geqslant u-1$，那么 $E_1 \cup \{n\} \in \mathcal{F}$，$E_2 \cup \{n\} \in \mathcal{F}$。由 $\mathcal{F}$ 是 u-并集族可得 $|E_1 \cup E_2 \cup \{n\}| \leqslant u$，从而 $|E_1 \cup E_2| = u-1$。因为 $|E_1 \cup E_2 \cup \{n\}| \leqslant u < n$，所以一定存在一个点 x 使得 $E_1 \cup \{x\} \prec E_1 \cup \{n\}$。根据移位稳定性，有 $E_1 \cup \{x\} \in \mathcal{F}$。所以 $|(E_1 \cup \{x\}) \cup (E_2 \cup \{n\})| = u+1$，这与 $\mathcal{F}$ 是 u-并集族矛盾。 $\square$

根据归纳假设，有

$$|\mathcal{F}(n)| \leqslant \begin{cases} \sum\limits_{i \leqslant \frac{u}{2}-1} \binom{n-1}{i}, & u\text{是偶数} \\ 2\sum\limits_{i \leqslant \frac{u-1}{2}-1} \binom{n-2}{i}, & u\text{是奇数} \end{cases}$$

所以

$$|\mathcal{F}| = |\mathcal{F}(n)| + |\mathcal{F}(\bar{n})| \leqslant \begin{cases} \sum\limits_{i \leqslant \frac{u}{2}} \binom{n}{i}, & u\text{是偶数} \\ 2\sum\limits_{i \leqslant \frac{u-1}{2}} \binom{n-1}{i}, & u\text{是奇数} \end{cases}$$

定理 1.8 得证。 ∎

1.10 克莱特曼等径定理与 VC 维定理

克莱特曼等径定理可以被看成卡托纳并定理的推广。

> **定理 1.9（克莱特曼等径定理[29]）** 若 $\mathcal{F} \subseteq 2^{[n]}$，对于任意 $F_1, F_2 \in \mathcal{F}$，$|F_1 \triangle F_2| \leqslant u$，那么
> $$|\mathcal{F}| \leqslant \begin{cases} \sum\limits_{i \leqslant \frac{u}{2}} \binom{n}{i}, & u\text{是偶数} \\ \sum\limits_{i \leqslant \frac{u-1}{2}} \binom{n-1}{i}, & u\text{是奇数} \end{cases}$$

我们考虑超立方体图 Q_n，其顶点集合 $V(Q_n) = \{x = (x_1, x_2, \cdots, x_n) : x_i \in \{0,1\}\}$，边集合

$$E(Q_n) = \{(x, y) : x 与 y 有且仅有一位不同\}$$

任取 $A \in 2^{[n]}$，那么其特征函数 $\mathbb{1}_A = (x_1, x_2, \cdots, x_n)$ 对应于 Q_n 的一个顶点，其中

$$x_i = \begin{cases} 1, i \in A \\ 0, i \notin A \end{cases}$$

通常 $|A_1 \Delta A_2| = d(\mathbb{1}_{A_1}, \mathbb{1}_{A_2})$ 被称为**哈明距离**。

给定 $\mathcal{F} \subseteq 2^{[n]}$ 和 $i \in [n]$，定义**下移位运算**：

$$S_i(\mathcal{F}) = \{S_i(F) : F \in \mathcal{F}\}$$

其中

$$S_i(F) = \begin{cases} F', \ i \in F, F' = F \setminus \{i\} \notin F \\ F, 其他 \end{cases}$$

显然 $|S_i(\mathcal{F})| = |\mathcal{F}|$。

> **命题 1.4** 如果 $\mathcal{F} \subseteq 2^{[n]}$ 满足对于任意的 $F_1, F_2 \in \mathcal{F}$，都有 $|F_1 \Delta F_2| \leq u$，那么 $S_i(\mathcal{F})$ 也满足这一性质。

证明： 任取 $F_1, F_2 \in \mathcal{F}$，我们只需证明 $|S_i(F_1) \Delta S_i(F_2)| \leq u$。若 $i \in F_1 \Delta F_2$，则命题 1.4 显然成立。所以假设 $i \in F_1 \bigcap F_2$。若 $S_i(F_1) = F_1, S_i(F_2) = F_2$ 或 $S_i(F_1) = F_1 \setminus \{i\}, S_i(F_2) = F_2 \setminus \{i\}$，则命题 1.4 也显然成立。所以假设 $S_i(F_1) = F_1$ 且 $S_i(F_2) = F_2 \setminus \{i\}$。由 $S_i(F_1) = F_1$ 可得 $F_1 \setminus \{i\} \in \mathcal{F}$，从而

$$u \geq |(F_1 \setminus \{i\}) \Delta F_2| = |F_1 \Delta (F_2 \setminus \{i\})| = |S_i(F_1) \Delta S_i(F_2)|$$

因此命题 1.4 成立。 □

令 $\mathcal{F} \subseteq 2^{[n]}$，如果对于任意 $i \in [n]$，$S_i(\mathcal{F}) = \mathcal{F}$ 成立，那么称 $\mathcal{F}$ 是**下移位稳定的**。如果对于任意 $F \in \mathcal{F}$ 和任意 $E \subseteq F$ 都有 $E \in \mathcal{F}$，则称 $\mathcal{F}$ 是一个**复形**。

> **命题 1.5** 如果 $\mathcal{F} \subseteq 2^{[n]}$ 是下移位稳定的，则 $\mathcal{F}$ 是一个复形。

证明： 对于任意 $F \in \mathcal{F}$ 和任意 $E \subseteq F$，令 $F \setminus E = \{i_1, i_2, \cdots, i_r\}$。由于 $S_{i_1}(F) = F$，根据下移位运算的定义可得 $F \setminus \{i_1\} \in \mathcal{F}$。因为 $S_{i_2}(F \setminus \{i_1\}) = F \setminus \{i_1\}$，所以 $F \setminus \{i_1, i_2\} \in \mathcal{F}$。依次类推，即可得出 $E \in \mathcal{F}$，$\mathcal{F}$ 是一个复形。 □

定理 1.9 的证明： 根据以上的命题和性质，可以假设 $\mathcal{F} \subseteq 2^{[n]}$ 是一个复形。

断言： $\mathcal{F}$ 是 u-并集族。

断言的证明： 运用反证法，假设存在 $F_1, F_2 \in \mathcal{F}$，使得 $|F_1 \bigcup F_2| \geqslant u+1$。令 $E = F_1 \setminus F_2 \subseteq F_1 \in \mathcal{F}$，那么 $E \in \mathcal{F}$，从而 $|E \bigcup F_2| = |F_1 \bigcup F_2| \geqslant u+1$，由于 $E \bigcup F_2 = \varnothing$，所以 $|E \Delta F_2| \geqslant u+1$，矛盾。断言得证。 □

根据以上断言，对 $\mathcal{F}$ 应用卡托纳并定理即可得出定理 1.9 成立。 ■

令 $\mathcal{F} \subseteq 2^{[n]}$ 是一个集族，$X \subseteq [n]$。定义 $\mathcal{F}$ 在 X 上的**迹** $\mathcal{F}|_X = \{F \bigcap X : F \in \mathcal{F}\}$。如果 $\mathcal{F}|_X = 2^X$，则称 **X 被 $\mathcal{F}$ 打碎**。定义 $\mathcal{F}$ 的 VC 维

$$\mathrm{VCdim}(\mathcal{F}) = \max\left\{|X| : X \subseteq [n], \mathcal{F}|_X = 2^X\right\}$$

定理 1.10（VC 维定理[30,31]） 若 $\mathcal{F} \subseteq 2^{[n]}$ 且 $\mathrm{VCdim}(\mathcal{F}) \leqslant d \leqslant n$，那么

$$|\mathcal{F}| \leqslant \sum_{i=0}^{d} \binom{n}{i} \leqslant \left(\frac{en}{d}\right)^d$$

证明： 应用下移位运算证明下面的断言。

断言： 对于任意的 $i \in [n]$，$\mathrm{VCdim}(S_i(\mathcal{F})) \leqslant d$。

断言的证明： 运用反证法，假设存在 $X \in \binom{[n]}{d+1}$ 使得 $S_i(\mathcal{F})|_X = 2^X$。根据 $\mathrm{VCdim}(\mathcal{F}) \leqslant d$ 可得 $\mathcal{F}|_X \neq 2^X$，所以存在 $E \subseteq X$，使得 $E \notin \mathcal{F}|_X$。由 $S_i(\mathcal{F})|_X = 2^X$，$E \in S_i(\mathcal{F})|_X$，可得 $i \notin E$、$E \bigcup \{i\} \in \mathcal{F}$ 和 $i \in X$。因为对于任意的 $F \in \mathcal{F}$ 且 $F \bigcap X = E \bigcup \{i\}$ 都有 $E \notin \mathcal{F}|_X$，$S_i(F) = F \setminus \{i\}$，故不存在 $F' \in S_i(\mathcal{F})|_X$ 使得 $F' \bigcap X = E \bigcup \{i\}$，这与 X 被打碎矛盾。 □

通过重复将 S_i（$1 \leqslant i \leqslant n$）应用到 $\mathcal{F}$，最终将得到一个下移位稳定的集族，因此我们可以假设 $\mathcal{F}$ 是一个复形。因为 $\mathrm{VCdim}(\mathcal{F}) \leqslant d$ 且 $\mathcal{F}$ 是一个复形，所以必然有 $\mathcal{F} \subseteq \binom{[n]}{\leqslant d}$，从而

$$|\mathcal{F}| \leqslant \sum_{i=0}^{d} \binom{n}{i}$$

即定理 1.10 成立。 ■

第 2 章　随机游走方法

保罗·埃尔德什、柯召和理查德·拉多证明了以下定理。

> **定理 2.1**[1]　令 $n>k>t>0$，如果 $\mathcal{F} \subseteq \begin{bmatrix} [n] \\ k \end{bmatrix}$ 是 t-相交的，则当 $n \geq n_0(k,t)$ 时，有
>
> $$|\mathcal{F}| \leq \begin{pmatrix} n-t \\ k-t \end{pmatrix}$$

> **问题**：$n_0(k,t)$ 的最佳值是多少?

当 $t=1$ 时，保罗·埃尔德什、柯召和理查德·拉多给出了 $n_0(k,1)$ 的最佳值为 $2k$。彼得·弗兰克尔证明了当 $t \geq 15$ 时，$n_0(k,t)$ 的最佳值是 $(t+1)(k-t+1)$[26]。后来，理查德·威尔逊（Richard Wilson）采用线性代数方法填补了 $2 \leq t \leq 14$ 的空白[27]，同时理查德·威尔逊的证明适用于所有 $t \geq 1$ 的情形。

彼得·弗兰克尔研究了从移位稳定集族对应到格路集合的双射的计数性质[26]，运用的方法被称为**随机游走方法**。随机游走方法是移位方法的一个重要扩展，它使得移位方法的作用在极值集合论中更加强大。

2.1　k 元集合与格路之间的双射

令 $n \geq 2k-t$，对于 k 元集合 $F \in \begin{pmatrix} [n] \\ k \end{pmatrix}$，定义格路 $\sigma(F)$ 为从 $(0,-t)$ 到 $(n-k,k-t)$ 的二维整数格点 $\mathbb{Z}^2$ 中的一条格路，$\sigma(F)$ 从点 $(0,-t)$ 出发，每一步将当前位置加上向量 $(0,1)$（向上走一个单位）或加上向量 $(1,0)$（向右走一个单位）。对于 $i=1,2,\cdots,n$，若 $i \in F$，则 $\sigma(F)$

向上走一个单位；若 $i \notin F$，则 $\sigma(F)$ 向右走一个单位。由于 $|F| = k$，$\sigma(F)$ 恰好有 k 步向上走，$n - k$ 步向右走。因此 $\sigma(F)$ 必然终止于坐标点 $(n-k, k-t)$，如图 2.1 所示。

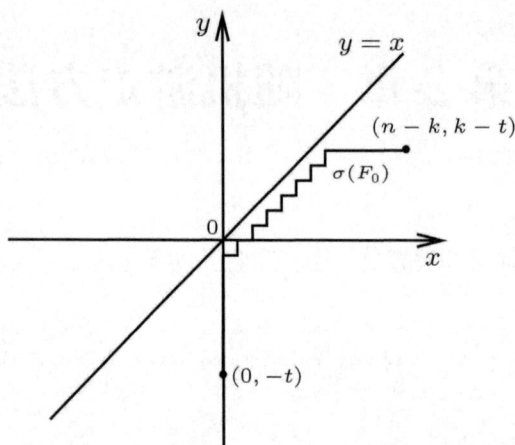

图 2.1　格路 $\sigma(F_0)$，其中 $F_0 = \{1, 2, \cdots, t-1, t+1, t+3, \cdots, 2k-t+1\}$

下面的观察提供了移位偏序关系的几何解释。

> **观察 2.1**[26]　设 $A, B \in \dbinom{[n]}{k}$，若 $A \prec B$，则 $\sigma(A)$ 在 $\sigma(B)$ 的上方。

若 $\mathcal{F} \subseteq \dbinom{[n]}{k}$ 是一个移位稳定的集族且 $A \notin \mathcal{F}$，则由移位稳定性可知，对于任意满足 $A \prec B$ 的 $B \in \dbinom{[n]}{k}$，都有 B 不在 $\mathcal{F}$ 中。根据观察 2.1，若 $A \notin \mathcal{F}$，则所有在 $\sigma(A)$ 下方的格路对应的集合都不在 $\mathcal{F}$ 中。因此，为了得到 $|\mathcal{F}|$ 的上界，我们只需要计算从 $(0, -t)$ 到 $(n-k, k-t)$ 且不在 $\sigma(A)$ 下方的格路的条数。

> **事实 2.1**[26]　设 $\mathcal{F} \subseteq \dbinom{[n]}{k}$ 是一个移位稳定的 t-相交集族，那么
>
> $$F_0 = \{1, 2, \cdots, t-1, t+3, \cdots, 2k-t+1\} \notin \mathcal{F}$$

证明： 如果 $n \leqslant 2k - t$，则显然有 $F_0 \notin \mathcal{F}$，所以不妨假设 $n > 2k - t$。如果 $F_0 \in \mathcal{F}$，则由移位稳定性可知

$$F_0' = \{1, 2, \cdots, t-1, t, t+2, \cdots, 2k-t\} \in \mathcal{F}$$

然而，$|F_0 \bigcap F_0'| = t-1$，这与 $\mathcal{F}$ 是 t-相交集族矛盾。事实 2.1 得证。　　　　　□

彼得·弗兰克尔注意到，如果从 $(0,-t)$ 到 $(n-k, k-t)$ 的格路 $\sigma(F)$ 不在 $\sigma(F_0)$ 下方，那么 $\sigma(F)$ 必然与直线 $y=x$ 相遇，如图 2.2 所示。因此，从 $(0,-t)$ 到 $(n-k, k-t)$ 且不在 $\sigma(F_0)$ 下方的格路的条数，恰好等于从 $(0,-t)$ 到 $(n-k, k-t)$ 且与直线 $y=x$ 相遇的格路的条数。根据反射原理，这等于从 $(-t, 0)$ 到 $(n-k, k-t)$ 的格路的条数，即 $\binom{n}{k-t}$。通过这一论证，彼得·弗兰克尔得到了 t-相交集族大小的一致上界。

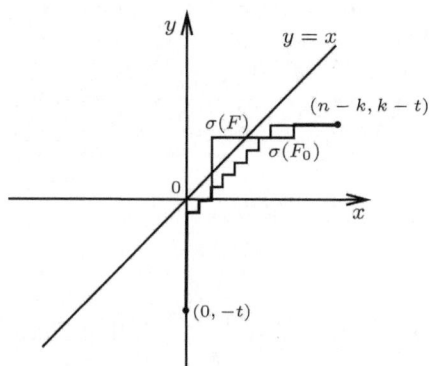

图 2.2　格路 $\sigma(F)$ 穿过 $\sigma(F_0)$ 并与直线 $y=x$ 相遇

> **定理 2.2**[26]　令 $\mathcal{F} \subseteq \binom{[n]}{k}$ 是一个 t-相交集族，则
> $$|\mathcal{F}| \leq \binom{n}{k-t}$$

设集族 $\mathcal{A}, \mathcal{B} \subseteq \binom{[n]}{k}$，如果对于任意的 $A \in \mathcal{A}$ 和 $B \in \mathcal{B}$，都有 $|A \bigcap B| \geq t$，则称 $\mathcal{A}, \mathcal{B}$ 为交叉 t-相交的。

通过类似的论证，彼得·弗兰克尔还证明了定理 2.2 的交叉 t-相交版本，即定理 2.3。

> **定理 2.3**[26]　若 $\mathcal{A}, \mathcal{B} \subseteq \binom{[n]}{k}$ 是交叉 t-相交的，且 $|\mathcal{A}| \leq |\mathcal{B}|$，则
> $$|\mathcal{B}| \leq \binom{n}{k-t} \text{ 或者 } |\mathcal{A}| \leq \binom{n}{k-t-1}$$

2.2　t-相交埃尔德什-柯-拉多定理的弗兰克尔证明

下面我们将分析由彼得·弗兰克尔给出的 t-相交埃尔德什-柯-拉多定理的证明，从而了解随机游走方法的强大之处。

> **定理 2.4**[26]　令 $\mathcal{F} \subseteq \dbinom{[n]}{k}$ 是 t-相交集族，如果 $t \geqslant 15$ 并且 $n \geqslant (t+1)(k-t+1)$，那么
>
> $$|\mathcal{F}| \leqslant \binom{n-t}{k-t} \tag{2.1}$$

对于 $0 \leqslant r \leqslant k-t$，定义**弗兰克尔集族**

$$\mathcal{A}(n,k,t,r) = \left\{ F \in \binom{[n]}{k} : \left| F \bigcap [t+2r] \right| \geqslant t+r \right\}$$

在本节中，我们将用 $\mathcal{A}_r$ 表示 $\mathcal{A}(n,k,t,r)$。注意到

$$|\mathcal{A}_0| = \binom{n-t}{k-t}$$

$$|\mathcal{A}_1| = (t+2)\binom{n-t-2}{k-t-1} + \binom{n-t-2}{k-t-2} = (t+1)\binom{n-t-2}{k-t-1} + \binom{n-t-1}{k-t-1}$$

因此

$$|\mathcal{A}_0| - |\mathcal{A}_1| = \binom{n-t-1}{k-t} - (t+1)\binom{n-t-2}{k-t-1} = \binom{n-t-2}{k-t-1}\frac{n-(t+1)(k-t+1)}{k-t}$$

如果 $n \geqslant (t+1)(k-t+1)$，则有 $|\mathcal{A}_0| \geqslant |\mathcal{A}_1|$。由于 $|\mathcal{A}_0| = \dbinom{n-t}{k-t}$，在证明定理 2.4 时我们只需证明 $|\mathcal{F}| \leqslant |\mathcal{A}_0|$ 或 $|\mathcal{F}| \leqslant |\mathcal{A}_1|$。

令 $\mathcal{F} \subseteq \dbinom{[n]}{k}$ 是一个移位稳定的 t-相交集族，有

$$F_0 = \{1, 2, \cdots, t-1, t+1, t+3, \cdots, 2k-t+1\} \notin \mathcal{F}$$

对于任意的 $F \in \mathcal{F}$，由于格路 $\sigma(F)$ 不在 $\sigma(F_0)$ 下方，从而 $\sigma(F)$ 必然与直线 $y = x$ 相遇。令 (i, i) 是 $\sigma(F)$ 与直线 $y = x$ 的第一个相遇点，记 $i(F) = i$。因此，存在 $0 \leqslant i(F) \leqslant k-t$，使得 $\left|F \cap [t + 2i(F)]\right| = t + i(F)$，且对于任意的 $1 \leqslant j < i(F)$，有 $\left|F \cap [t + 2j]\right| < t + j$。定义

$$\mathcal{F}_i = \left\{F \in \mathcal{F} : i(F) = i\right\}, 0 \leqslant i \leqslant k-t$$

则 $(\mathcal{F}_0, \mathcal{F}_1, \cdots, \mathcal{F}_{k-t})$ 构成了 $\mathcal{F}$ 的一个划分。观察到 $\mathcal{F}_i \subseteq \mathcal{A}_i \setminus (\mathcal{A}_0 \cup \mathcal{A}_1 \cup \cdots \cup \mathcal{A}_{i-1})$，且根据定理 2.2 可以得出

$$\left|\bigcup_{i=0}^{k-t} \mathcal{A}_i\right| = \binom{n}{k-t}$$

令 $\mathcal{F}_{\geqslant 2} = \mathcal{F}_2 \cup \cdots \cup \mathcal{F}_{k-t}$，注意到 $|\mathcal{A}_0| = \binom{n-t}{k-t}$ 且 $|\mathcal{A}_1 \setminus \mathcal{A}_0| = t\binom{n-t-2}{k-t-1}$，因此

$$\left|\mathcal{F}_{\geqslant 2}\right| \leqslant \sum_{i=2}^{k-t} \left|\mathcal{A}_i \setminus (\mathcal{A}_0 \cup \mathcal{A}_1 \cup \cdots \cup \mathcal{A}_{i-1})\right| \leqslant \binom{n}{k-t} - \binom{n-t}{k-t} - t\binom{n-t-2}{k-t-1} \tag{2.2}$$

定义

$$B_1 = (1, 2, \cdots, t, t+3, t+5, \cdots, 2k-t+1)$$

$$B_2 = (1, 2, \cdots, t-1, t+1, t+2, t+5, t+7, \cdots, 2k-t+1)$$

注意到 B_1 是在移位偏序下满足 $\sigma(B_1)$ 与直线 $y = x$ 只在 $(0, 0)$ 点相遇的最小集合，如图 2.3 所示。

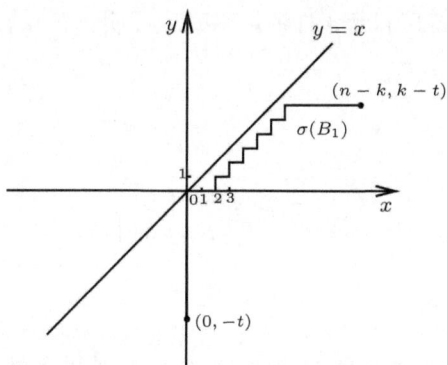

图 2.3　格路 $\sigma(B_1)$

B_2 是在移位偏序下满足 $\sigma(B_2)$ 与直线 $y=x$ 只在 $(1,1)$ 点相遇的最小集合，如图 2.4 所示。

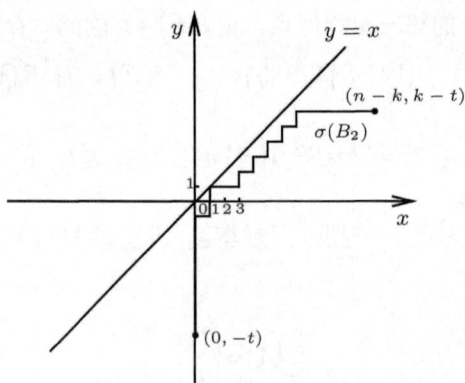

图 2.4 格路 $\sigma(B_2)$

命题 2.1 令 $\mathcal{F} \subseteq \begin{bmatrix} n \\ k \end{bmatrix}$ 是一个移位稳定的 t-相交集族，如果 $B_1 \notin \mathcal{F}$ 且 $t+1 \notin F \in \mathcal{F}_0$，那么 $\sigma(F)$ 与直线 $y=x$ 相遇于额外一点，即存在 $i \geqslant 1$ 使得 $\left| F \cap [t+2i] \right| = t+i$。

证明： 由 $F \in \mathcal{F}_0$ 可以推断出 $[t] \subseteq F$。假设对于所有 $i \geqslant 1$，都有 $\left| F \cap [t+2i] \right| < t+i$，则根据移位稳定性，有 $B_1 \in \mathcal{F}$，矛盾。因此，选择大于等于 1 的满足

$$\left| F \cap [t+2i] \right| \geqslant t+i$$

的最小的 i，可以得出 $\left| F \cap [t+2i] \right| = t+i$。 □

定理 2.4 的证明： 下面我们分 3 种情形来完成证明。

情形 1：$B_1 \notin \mathcal{F}$ 且 $B_2 \notin \mathcal{F}$。

断言：

$$\left| \mathcal{F}_0 \right| \leqslant 2 \binom{n-t-1}{k-t-1} \tag{2.3}$$

断言的证明：由于 $B_1 \notin \mathcal{F}$，

$$\left| \mathcal{F}_0 \right| \leqslant 从 (0,1) 到 (n-k, k-t) 的格路条数 +$$

$$从 (1,0) 到 (n-k, k-t) 与 y=x 相遇的格路条数$$

根据反射原理，有

$$|\mathcal{F}_0| \leq 2 \times 从(0,1)到(n-k,k-t)的格路条数 = 2\binom{n-t-1}{k-t-1}$$

因此，式（2.3）成立。 □

断言：

$$|\mathcal{F}_1| \leq 2t\binom{n-t-3}{k-t-2} \tag{2.4}$$

断言的证明：由于 $B_2 \notin \mathcal{F}$，

$$|\mathcal{F}_1| \leq t \times (从(1,2)到(n-k,k-t)的格路条数 +$$

$$从(2,1)到(n-k,k-t)与y=x相遇的格路条数)$$

根据反射原理，有

$$|\mathcal{F}_1| \leq 2t \times 从(1,2)到(n-k,k-t)的格路条数 = 2t\binom{n-t-3}{k-t-2}$$

因此，式（2.4）成立。 □

由式（2.2）、式（2.3）和式（2.4），我们能够得到

$$|\mathcal{F}| \leq 2\binom{n-t-1}{k-t-1} + 2t\binom{n-t-3}{k-t-2} + \binom{n}{k-t} - \binom{n-t}{k-t} - t\binom{n-t-2}{k-t-1}$$

令 $n = s(k-t) + t$，其中 s 为正实数，则有

$$\frac{\binom{n-t-1}{k-t-1}}{\binom{n-t}{k-t}} = \frac{k-t}{n-t} = \frac{1}{s}, \quad \frac{\binom{n-t-3}{k-t-2}}{\binom{n-t-2}{k-t-1}} = \frac{k-t-1}{n-t-2} \leq \frac{1}{s}$$

$$\frac{\binom{n-t-2}{k-t-1}}{\binom{n-t}{k-t}} = \frac{(k-t)(n-k)}{(n-t)(n-t-1)} > \frac{s-1}{s^2}, \quad \frac{\binom{n}{k-t}}{\binom{n-t}{k-t}} < \left(1+\frac{1}{s-1}\right)^t$$

因此，对于 $t \geq 15$ 且 $s \geq t+1$，有

$$|\mathcal{F}| < \binom{n-t}{k-t}\left(\left(1+\frac{1}{s-1}\right)^t + \frac{2}{s} - \frac{t(s-1)(s-2)}{s^3} - 1\right)$$

定义

$$f(s,t) = \left(1+\frac{1}{s-1}\right)^t + \frac{2}{s} - \frac{t(s-1)(s-2)}{s^3} - 1$$

$$= \left(1+\frac{1}{s-1}\right)^t + \frac{2}{s} - \frac{t}{s} + \frac{3t}{s^2} - \frac{2t}{s^3} - 1$$

那么

$$\frac{\partial f}{\partial s} = -t\left(1+\frac{1}{s-1}\right)^{t-1}\frac{1}{(s-1)^2} + \frac{t-2}{s^2} - \frac{6t}{s^3} + \frac{6t}{s^4} < -\frac{t}{s^2} + \frac{t-2}{s^2} - \frac{6t}{s^3}\left(1-\frac{1}{s}\right) < 0$$

因此

$$f(s,t) < f(t+1,t) = \left(1+\frac{1}{t}\right)^t + \frac{2}{t+1} - \frac{t^2(t-1)}{(t+1)^3} - 1 = g(t)$$

容易验证当 $t \geq 20$ 时，有

$$g(t) < e - \frac{t-1}{t+1} - \frac{t^2(t-1)}{(t+1)^3} \leq e - \frac{19}{21} - \frac{20^2 \times 19}{21^3} < 1$$

对于 $t = 15,16,17,18,19$，可以直接通过计算验证 $g(t) < 1$，从而

$$|\mathcal{F}| < \binom{n-t}{k-t}$$

情形 2：$B_1 \in \mathcal{F}$。

取最大的 i 使得

$$D_i = (1,2,\cdots,t,t+i,t+i+2,\cdots,2k-t-2+i) \in \mathcal{F}_0$$

则有 $3 \leq i \leq k-t+1$。由于 $B_1 \in \mathcal{F}$，自然有 $3 \leq i$。若 $i = k-t+2$，即

$$D_{k-t+2} = (1,2,\cdots,t,k+2,k+4,\cdots,3k-2t) \in \mathcal{F}_0$$

则我们断言对于任意的 $F \in \mathcal{F}$，均有 $[t] \subseteq F$，即 $|\mathcal{F}| \leqslant \binom{n-t}{k-t}$。若不然，则

$$A = (1, 2, \cdots, t-1, t+1, \cdots, k+1) \in \mathcal{F}$$

且 $|A \cap D_i| = t-1$，矛盾。因此 $3 \leqslant i \leqslant k-t+1$。

断言：

$$|\mathcal{F}_0| \leqslant \binom{n-t}{k-t} - \binom{n-t-i+1}{k-t} + \binom{n-t-i+1}{k-t-1} \tag{2.5}$$

断言的证明：注意到

$$\left| \{ F \in \mathcal{F}_0 : F \cap [t+1, t+i-1] \neq \varnothing \} \right| \leqslant \binom{n-t}{k-t} - \binom{n-t-i+1}{k-t}$$

考虑 $F \in \{ F \in \mathcal{F}_0 : F \cap [t+1, t+i-1] = \varnothing \}$，由于

$$D_{i+1} = (1, 2, \cdots, t, t+i+1, t+i+3, \cdots, 2k-t-1+i) \notin \mathcal{F}_0$$

根据移位稳定性，我们推断 $\sigma(F)$ 在 $(i-1, 0)$ 之后的一段与直线 $y = x - i + 2$ 相遇。根据反射原理，有

$$\left| \{ F \in \mathcal{F}_0 : F \cap [t+1, t+i-1] = \varnothing \} \right| \leqslant \text{从} (i-1, 0) \text{到} (n-k, k-t) \text{与} y = x - i + 2 \text{相遇的}$$

$$\text{格路条数}$$

$$\leqslant \text{从} (i-2, 1) \text{到} (n-k, k-t) \text{的格路条数}$$

$$= \binom{n-t-i+1}{k-t-1}$$

因此，式（2.5）成立。 $\qquad \square$

断言：

$$|\mathcal{F} \setminus \mathcal{F}_0| \leqslant \binom{n}{k-t-i+2} \tag{2.6}$$

断言的证明：令

$$A_i = (1, 2, \cdots, t-1, t+1, t+2, \cdots, t+i-1, t+i+1, \cdots, 2k-t-i+3)$$

由 $\left| A_i \bigcap D_i \right| = t-1$ 且 $D_i \in \mathcal{F}_0$ 可以推出 $A_i \notin \mathcal{F} \setminus \mathcal{F}_0$。因此，对于任意的 $F \in \mathcal{F} \setminus \mathcal{F}_0$，$\sigma(F)$ 都与直线 $y = x + i - 2$ 相遇。根据反射原理，有

$$\left| \mathcal{F} \setminus \mathcal{F}_0 \right| \leqslant \text{从} (0,-t) \text{到} (n-k,k-t) \text{与} y=x+i-2 \text{相遇的格路条数}$$

$$\leqslant \text{从} (-t-i+2,i-2) \text{到} (n-k,k-t) \text{的格路条数}$$

$$= \binom{n}{k-t-i+2}$$

因此，式（2.6）成立。 □

将式（2.5）与式（2.6）相加可以得到

$$\left| \mathcal{F} \right| \leqslant \binom{n-t}{k-t} + \binom{n}{k-t-i+2} - \binom{n-t-i+1}{k-t} + \binom{n-t-i+1}{k-t-1}$$

由于 $i \leqslant k-t+1$，有

$$\frac{\binom{n-t-i+1}{k-t}}{\binom{n-t-i+1}{k-t-1}} = \frac{n-k-i+2}{k-t} = \frac{s(k-t)+t-k-i+2}{k-t} = s-1-\frac{i-2}{k-t} > s-2$$

注意到 $i \leqslant k-t+1$，有

$$\frac{\binom{n-t-i+1}{k-t}}{\binom{n}{k-t}} = \frac{(n-k+t)(n-k+t-1)\cdots(n-k-i+2)}{n(n-1)\cdots(n-t-i+2)}$$

$$\geqslant \left(\frac{n-k-i+2}{n-t-i+2} \right)^{t+i-1} \geqslant \left(\frac{s-2}{s-1} \right)^{t+i-1}$$

此外，有

$$\frac{\binom{n}{k-t-i+2}}{\binom{n}{k-t}} < \left(\frac{k-t}{n-k+t} \right)^{i-2} < \left(\frac{1}{s-1} \right)^{i-2}$$

因此

$$|\mathcal{F}| < \binom{n-t}{k-t} + \binom{n}{k-t}\left(\left(\frac{1}{s-1}\right)^{i-2} - \frac{s-3}{s-2}\left(\frac{s-2}{s-1}\right)^{t+i-1}\right)$$

$$< \binom{n-t}{k-t} + \binom{n}{k-t}\left(\frac{1}{s-1}\right)^{i-2}\left(1 - \frac{(s-3)(s-2)^{t+i-2}}{(s-1)^{t+1}}\right)$$

$$\leqslant \binom{n-t}{k-t} + \binom{n}{k-t}\left(\frac{1}{s-1}\right)^{i-2}\left(1 - \frac{(s-3)(s-2)^{t+1}}{(s-1)^{t+1}}\right)$$

由于 $s \geqslant t+1 \geqslant 16$ ，有

$$\left(\frac{s-1}{s-2}\right)^{t+1} < \left(1 + \frac{1}{t-1}\right)^{t+1} < \mathrm{e}^{\frac{t+1}{t-1}} < \mathrm{e}^{\frac{8}{7}} < s-3$$

所以 $|\mathcal{F}| < \binom{n-t}{k-t}$ 。

情形 3：$B_2 \in \mathcal{F}$ 。

取最大的 i 使得

$$C_i = (1, 2, \cdots, t-1, t+1, t+2, t+i, t+i+2, \cdots, 2k-t-4+i) \in \mathcal{F}_1$$

则有 $5 \leqslant i \leqslant k-t+2$ 。由于 $B_2 \in \mathcal{F}$ ，自然有 $5 \leqslant i$ 。若 $i = k-t+3$ ，即

$$C_{k-t+3} = (1, 2, \cdots, t-1, t+1, t+2, k+3, k+5, \cdots, 3k-2t-1) \in \mathcal{F}_1$$

则 $\mathcal{F} \subseteq \mathcal{A}_1$ 。若不然，则由移位稳定性有

$$C = (1, 2, \cdots, t, t+3, t+4, \cdots, k+2) \in \mathcal{F}$$

且 $|C \cap C_{k-t+3}| = t-1 < t$ ，矛盾。因此 $5 \leqslant i \leqslant k-t+2$ 。

断言：

$$|\mathcal{F}_1| \leqslant t\binom{n-t-2}{k-t-1} - t\left(\binom{n-t-i+1}{k-t-1} - \binom{n-t-i+1}{k-t-2}\right) \tag{2.7}$$

断言的证明：注意到

$$\left|\left\{F \in \mathcal{F}_1 : F \cap [t+3, t+i-1] \neq \varnothing\right\}\right| \leqslant t\left(\binom{n-t-2}{k-t-1} - \binom{n-t-i+1}{k-t-1}\right)$$

考虑 $F \in \mathcal{F}_1$ 且满足 $F \cap [t+3, t+i-1] = \varnothing$ ，由于

$$C_{i+1} = (1, 2, \cdots, t-1, t+1, t+2, t+i+1, t+i+3, \cdots, 2k-t-3+i) \notin \mathcal{F}_1$$

根据移位稳定性，我们可以推出 $\sigma(F)$ 必与直线 $y = x - i + 4$ 相遇。根据反射原理，有

$$\left| \left\{ F \in \mathcal{F}_1 : F \bigcap [t+3, t+i-1] = \varnothing \right\} \right| \leqslant t \times \text{从} (i-2, 1) \text{到} (n-k, k-t) \text{与} y = x - i + 4$$

$$\text{相遇的格路条数}$$

$$\leqslant t \times \text{从} (i-3, 2) \text{到} (n-k, k-t) \text{ 的格路条数}$$

$$= t \binom{n-t-i+1}{k-t-2}$$

因此，式（2.7）成立。　　　　　　　　　　　　　　　　　　　　　　　　　　　$\square$

　　断言：

$$\left| \mathcal{F} \setminus \mathcal{A}_1 \right| \leqslant \binom{n}{k-t-i+4} \tag{2.8}$$

　　断言的证明：我们断言对于任意的 $F \in \mathcal{F} \setminus \mathcal{A}_1$，$\sigma(F)$ 都与直线 $y = x + i - 4$ 相遇。若不然，根据移位稳定性，有

$$A = (1, 2, \cdots, t, t+3, t+4, \cdots, t+i-1, t+i+1, t+i+3, \cdots, 2k-t-i+5) \in \mathcal{F} \setminus \mathcal{A}_1$$

然而 $\left| A \bigcap C_i \right| = t - 1$，矛盾。因此，对于所有 $F \in \mathcal{F} \setminus \mathcal{A}_1$，$\sigma(F)$ 都与直线 $y = x + i - 4$ 相遇。根据反射原理，有

$$\left| \mathcal{F} \setminus \mathcal{A}_1 \right| \leqslant \text{从} (0, -t) \text{到} (n-k, k-t) \text{与} y = x + i - 4 \text{相遇的格路条数}$$

$$\leqslant \text{从} (-t-i+4, i-4) \text{到} (n-k, k-t) \text{的格路条数}$$

$$= \binom{n}{k-t-i+4}$$

因此，式（2.8）成立。　　　　　　　　　　　　　　　　　　　　　　　　　　　$\square$

　　由于 $\mathcal{A}_1 \setminus \mathcal{F}_1 \subseteq \mathcal{A}_0$，我们可以得到

$$\left| \mathcal{A}_1 \setminus \mathcal{F}_1 \right| \leqslant \left| \mathcal{A}_1 \bigcap \mathcal{A}_0 \right| = 2 \binom{n-t-2}{k-t-1} + \binom{n-t-2}{k-t-2}$$

因此

$$\left| \mathcal{F} \right| = \left| \mathcal{F} \bigcap \mathcal{A}_1 \right| + \left| \mathcal{F} \setminus \mathcal{A}_1 \right| \leqslant \left| \mathcal{A}_1 \right| + \left| \mathcal{F} \setminus \mathcal{A}_1 \right|$$

$$\leqslant \left| \mathcal{F}_1 \right| + \left| \mathcal{A}_1 \setminus \mathcal{F}_1 \right| + \left| \mathcal{F} \setminus \mathcal{A}_1 \right| \leqslant \left| \mathcal{F}_1 \right| + \left| \mathcal{A}_1 \bigcap \mathcal{A}_0 \right| + \left| \mathcal{F} \setminus \mathcal{A}_1 \right|$$

$$\leqslant t \binom{n-t-2}{k-t-1} - t \left(\binom{n-t-i+1}{k-t-1} - \binom{n-t-i+1}{k-t-2} \right) + 2 \binom{n-t-2}{k-t-1} +$$

$$\binom{n-t-2}{k-t-2}+\binom{n}{k-t-i+4}$$

$$=|\mathcal{A}_1|+\binom{n}{k-t-i+4}-t\left(\binom{n-t-i+1}{k-t-1}-\binom{n-t-i+1}{k-t-2}\right)$$

同样地，有

$$\frac{\binom{n-t-i+1}{k-t-1}}{\binom{n-t-i+1}{k-t-2}}=\frac{n-k-i+3}{k-t-1}\geqslant\frac{n-k-(k-t)}{k-t}=s-2$$

注意到 $i\leqslant k-t+2$，即

$$\frac{\binom{n-t-i+1}{k-t-1}}{\binom{n}{k-t-1}}=\frac{(n-k+t+1)(n-k+t)\cdots(n-k-i+3)}{n(n-1)\cdots(n-t-i+2)}\geqslant\left(\frac{n-k-i+3}{n-t-i+2}\right)^{t+i-1}\geqslant\left(\frac{s-2}{s-1}\right)^{t+i-1}$$

此外，有

$$\frac{\binom{n}{k-t-i+4}}{\binom{n}{k-t-1}}<\left(\frac{k-t-1}{n-k+t+1}\right)^{i-5}<\left(\frac{1}{s-1}\right)^{i-5}$$

因此

$$|\mathcal{F}|<|\mathcal{A}_1|+\binom{n}{k-t-1}\left(\left(\frac{1}{s-1}\right)^{i-5}-\frac{(s-3)t}{s-2}\left(\frac{s-2}{s-1}\right)^{t+i-1}\right)$$

$$<|\mathcal{A}_1|+\binom{n}{k-t-1}\left(\frac{1}{s-1}\right)^{i-5}\left(1-\frac{t(s-3)(s-2)^{t+i-2}}{(s-1)^{t+4}}\right)$$

$$\leqslant|\mathcal{A}_1|+\binom{n}{k-t-1}\left(\frac{1}{s-1}\right)^{i-5}\left(1-\frac{t(s-3)(s-2)^{t+3}}{(s-1)^{t+4}}\right)$$

由于 $s\geqslant t+1\geqslant16$，有

$$\left(\frac{s-1}{s-2}\right)^{t+3}<\left(1+\frac{1}{t-1}\right)^{t+3}<\mathrm{e}^{\frac{t+3}{t-1}}<\mathrm{e}^{\frac{9}{7}}<13\leqslant\frac{t(s-3)}{s-1}$$

因此 $|\mathcal{F}| < |\mathcal{A}_1| \leqslant \dbinom{n-t}{k-t}$。　　　　　　　　　　　　■

2.3　随机游走方法在 *r*-项 *t*-相交非一致集族上的应用

给定 $\mathcal{F} \subseteq 2^{[n]}$，如果对于任意 $F_1, F_2, \cdots, F_r \in \mathcal{F}$ 都满足 $|F_1 \cap F_2 \cap \cdots \cap F_r| \geqslant t$，则称 $\mathcal{F}$ 为一个 *r*-项 *t*-相交集族。采用与引理 1.1 几乎一样的证明方法，我们可以证明下面的引理 2.1，具体证明过程此处不再赘述。

> **引理 2.1**[7]　若 $\mathcal{F} \subseteq 2^{[n]}$ 是一个 *r*-项 *t*-相交集族，则 $S_{ij}(\mathcal{F})$ 也是 *r*-项 *t*-相交集族。

因此在考虑 *r*-项 *t*-相交集族的相关问题时，我们总是可以假设集族 $\mathcal{F}$ 是移位稳定的。

为了方便，对于任意 $F \in \dbinom{[n]}{k}$，定义格路 $\sigma(F)$ 为从 $(0,0)$ 到 $(n-k, k)$ 的二维整数格点 $\mathbb{Z}^2$ 中的一条格路，$\sigma(F)$ 从点 $(0,0)$ 出发，每一步将当前位置加上向量 $(0,1)$（向上走一个单位）或加上向量 $(1,0)$（向右走一个单位）。对于 $i = 1, 2, \cdots, n$，若 $i \in F$，则 $\sigma(F)$ 向上走一个单位；若 $i \notin F$，则 $\sigma(F)$ 向右走一个单位。

> **引理 2.2**[7]　若 $\mathcal{F} \subseteq 2^{[n]}$ 是一个 *r*-项 *t*-相交且移位稳定的集族，则对于任意 $F \in \mathcal{F}$，$\sigma(F)$ 与直线 $y = t + (r-1)x$ 相遇。

证明：令
$$F_0 = \{1, 2, \cdots, t-1, t+1, t+2, \cdots, t+r-1, t+r+1, t+r+2, \cdots, t+2r-1, t+2r+1, \cdots\}$$
则 $F_0 \notin \mathcal{F}$。若不然，令
$$F_1 = \{1, 2, \cdots, t-1, t, t+2, \cdots, t+r-1, t+r, t+r+2, \cdots, t+2r, t+2r+2, \cdots\}$$
$$\vdots$$
$$F_{r-1} = \{1, 2, \cdots, t+r-3, t+r-2, t+r, \cdots, t+2r-2, t+2r, \cdots, t+3r-2, t+3r, \cdots\}$$

则对于任意 $i = 1, 2, \cdots, r-1$，均有 $F_i \in \mathcal{F}$。然而，$F_0 \cap F_1 \cap F_2 \cap \cdots \cap F_{r-1} = \{1, 2, \cdots, t-1\}$，这与 $\mathcal{F}$ 是 *r*-项 *t*-相交集族矛盾。因此，对于任意 $F \in \mathcal{F}$，格路 $\sigma(F)$ 会走到 $\sigma(F_0)$ 上方，即 $\sigma(F)$ 与直线 $y = t + (r-1)x$ 相遇。　　　　　□

给定 $\mathcal{F} \subseteq 2^{[n]}$，选取 $[n]$ 的一个随机子集 F，使得概率 $P_i = \begin{cases} \dfrac{1}{2}, & i \in F \\ \dfrac{1}{2}, & i \notin F \end{cases}$，则

$$P_r\left(F \in \mathcal{F}\right) = \frac{|\mathcal{F}|}{2^n}$$

考虑 P 为一个 n 长**随机游走**，即从点 $(0,0)$ 出发，每一步以 $\dfrac{1}{2}$ 的概率向右走一个单位[即加上向量 $(1,0)$]，以 $\dfrac{1}{2}$ 的概率向上走一个单位[即加上向量 $(0,1)$]。定义

$$p(n,r,t) = P \text{与} y = t + (r-1)x \text{相遇的概率}$$

令

$$m(n,r,t) = \max\left\{|\mathcal{F}| : \mathcal{F} \subseteq 2^{[n]} \text{是一个} r-\text{项} t-\text{相交集族}\right\}$$

$$q(n,r,t) = \frac{m(n,r,t)}{2^n}$$

根据引理 2.2 有

$$q(n,r,t) = \frac{m(n,r,t)}{2^n} \leqslant \frac{\text{与} y = t + (r-1)x \text{相遇的格路的总条数}}{2^n} = p(n,r,t) \qquad (2.9)$$

考虑 $\mathcal{F} \subseteq 2^{[n]}$ 是 r-项 t-相交集族，定义

$$\mathcal{F}' = \left\{F \cup \{n+1\} : F \in \mathcal{F}\right\} \cup \mathcal{F}$$

显然 $\mathcal{F}' \subseteq 2^{[n+1]}$ 也是一个 r-项 t-相交集族，因此

$$m(n+1,r,t) \geqslant 2m(n,r,t)$$

从而

$$q(n,r,t) = \frac{m(n,r,t)}{2^n} = \frac{2m(n,r,t)}{2^{n+1}} \leqslant \frac{m(n+1,r,t)}{2^{n+1}} = q(n+1,r,t)$$

显然有 $q(n,r,t) \leqslant 1$。综上，$q(n,r,t)$ 是一个单调递增且有上界的序列。因此，存在极限 $q(r,t) = \lim\limits_{n \to \infty} q(n,r,t)$。

假设极限 $p(r,t) = \lim\limits_{n \to \infty} p(n,r,t)$ 存在，对式（2.9）取极限，有

$$q(r,t) = \lim_{n \to \infty} q(n,r,t) \leqslant \lim_{n \to \infty} p(n,r,t) = p(r,t)$$

下面我们将计算 $p(r,t)$ 的值。

可以将 $p(r,t)$ 看作从点 $(0,0)$ 出发，每一步以 $\frac{1}{2}$ 的概率向右走一个单位[即加上向量 $(1,0)$]，以 $\frac{1}{2}$ 的概率向上走一个单位[即加上向量 $(0,1)$]的一条无限长的随机游走 P 与 $y = t + (r-1)x$ 相遇的概率。考虑到第一步时，P 以 $\frac{1}{2}$ 的概率走到点 $(0,1)$，以 $\frac{1}{2}$ 的概率走到点 $(1,0)$，所以

$$p(r,t) = \frac{1}{2} \times \text{从}(0,1)\text{出发与}y = t + (r-1)x\text{相遇的概率} +$$

$$\frac{1}{2} \times \text{从}(1,0)\text{出发与}y = t + (r-1)x\text{相遇的概率}$$

因此

$$p(r,t) = \frac{1}{2}p(r,t-1) + \frac{1}{2}p(r,t+r-1) \tag{2.10}$$

断言：

$$p(r,t+t') = p(r,t) \cdot p(r,t') \tag{2.11}$$

断言的证明：考虑 p_i 为随机游走 P 与 $y = t + (r-1)x$ 的第一个相遇点为 $(i, t+(r-1)i)$ 的概率，则

$$p(r,t) = \sum_{i \geqslant 0} p_i$$

从 $(i, t+(r-1)i)$ 点出发的无限随机游走与直线 $y = t + t' + (r-1)x$ 相遇的概率为 $p(r,t')$，则有

$$p(r,t+t') = \sum_{i \geqslant 0} (p_i \cdot p(r,t')) = p(r,t) \cdot p(r,t') \qquad \square$$

重复应用式（2.11），可以得到

$$p(r,t) = p(r,1)^t \tag{2.12}$$

令 $s = p(r,1)$，显然有 $0 < s = p(r,1) < 1$，且式（2.10）可以转化为

$$s^t = \frac{1}{2}s^{t-1} + \frac{1}{2}s^{t+r-1} \tag{2.13}$$

式（2.13）两边同除以 s^{t-1}，可以得到方程 $s^r - 2s + 1 = 0$，即

$$(s-1)(s^{r-1} + s^{r-2} + \cdots + s - 1) = 0 \tag{2.14}$$

考虑 $g(s) = s^{r-1} + s^{r-2} + \cdots + s - 1$，其中 $r \geqslant 3$。易知 $g(s)$ 是 $(0,1)$ 上的严格单调递增函数，且容易验证

$$g\left(\frac{1}{2}\right) < 0, \, g\left(\frac{1}{2} + \frac{1}{2^r}\right) > 0$$

所以 $\frac{1}{2} < s = p(r,1) < \frac{1}{2} + \frac{1}{2^r}$。根据式（2.12），有

$$\frac{1}{2^t} < p(r,t) < \left(\frac{1}{2} + \frac{1}{2^r}\right)^t$$

因此，我们可以得到 $q(n,r,t)$ 的一个上界，即

$$q(n,r,t) \leqslant q(r,t) \leqslant p(r,t) < \left(\frac{1}{2} + \frac{1}{2^r}\right)^t \tag{2.15}$$

下面我们将分析一个由彼得·弗兰克尔证明的关于 r-项 t-相交集族的定理，该定理的证明主要用到了式（2.15）。

定理 2.5[7] 若 $\mathcal{F} \subseteq 2^{[n]}$ 是一个 r-项 t-相交集族，$t < (\ln 2) \cdot 2^{r-2} - 1$，则 $|\mathcal{F}| \leqslant 2^{n-t}$。

证明： 若存在 $F_1, F_2, \cdots, F_{r-1} \in \mathcal{F}$ 满足 $F_1 \cap F_2 \cap \cdots \cap F_{r-1} = T$ 且 $|T| = t$，则对于任意 $F \in \mathcal{F}$，均有 $T \subseteq F$，因此，$|\mathcal{F}| \leqslant 2^{n-t}$。如果 $\mathcal{F}$ 中不存在 $r-1$ 个集合的交集的大小为 t，则 $\mathcal{F}$ 一定是 $(r-1)$-项 $(t+1)$-相交的。因此

$$|\mathcal{F}| \leqslant q(n, r-1, t+1) \cdot 2^n < \left(\frac{1}{2} + \frac{1}{2^{r-1}}\right)^{t+1} \cdot 2^n$$

$$= 2^{n-t-1}\left(1 + \frac{1}{2^{r-2}}\right)^{t+1}$$

$$\leqslant 2^{n-t-1} \mathrm{e}^{\frac{t+1}{2^{r-2}}}$$

由于 $t < (\ln 2) \cdot 2^{r-2} - 1$，因此 $\frac{t+1}{2^{r-2}} < \ln 2$，即 $\mathrm{e}^{\frac{t+1}{2^{r-2}}} < 2$。所以

$$|\mathcal{F}| \leqslant q(n, r-1, t+1) \cdot 2^n \leqslant 2^{n-t-1} \mathrm{e}^{\frac{t+1}{2^{r-2}}} < 2^{n-t-1} \cdot 2 = 2^{n-t} \qquad \square$$

第3章 生成集方法

彼得·弗兰克尔提出了 t-相交集族的大小在 $2k-t<n<(t+1)(k-t+1)$ 条件下的最大值的问题[26]。回顾弗兰克尔集族

$$\mathcal{A}_i = \mathcal{A}(n,k,t,r) = \left\{ F \in \binom{[n]}{k} : \left| F \cap [t+2r] \right| \geqslant t+r \right\}$$

> **猜想 3.1（弗兰克尔猜想[26]）** 令 $2k-t<n<(t+1)(k-t+1)$，若 $\mathcal{F} \subseteq \binom{[n]}{k}$ 是一个 t-相交集族，则
>
> $$|\mathcal{F}| \leqslant \max_{0 \leqslant i \leqslant k-t} |\mathcal{A}_i|$$

1997 年，鲁道夫·阿尔斯韦德和列翁·哈恰图良通过引入生成集方法证明了弗兰克尔猜想[32]。目前生成集方法已经成为极值集合论中最重要的方法之一。本章主要介绍生成集方法以及它的一些应用。

3.1 生成集方法简介

我们用 $\binom{[n]}{\leqslant k}$ 表示由 $[n]$ 的所有大小最大为 k 的子集构成的集族。对于 $\mathcal{G} \subseteq \binom{[n]}{\leqslant k}$，定义

$$\langle \mathcal{G} \rangle = \left\{ F \in \binom{[n]}{k} : 存在 G \in \mathcal{G} 使得 G \subseteq F \right\}$$

对于 $\mathcal{F} \subseteq \binom{[n]}{k}$，$\mathcal{G} \subseteq \binom{[n]}{\leqslant k}$，若 $\langle \mathcal{G} \rangle = \mathcal{F}$，则称 $\mathcal{G}$ 是 $\mathcal{F}$ 的**生成集族**，$\mathcal{G}$ 中的元素称为**生成集**。

若集族 $\mathcal{F} \subseteq \dbinom{[n]}{k}$ 是 t-相交的，并且向 $\mathcal{F}$ 中增加任意额外的一个 k 元集都会破坏其 t-相交性质，则称 $\mathcal{F}$ 为**饱和 t-相交**的。

设 $F_1, F_2, \cdots, F_r$ 是 k 元集，如果对于任意 $1 \leqslant i < j \leqslant r$，均有 $F_i \bigcap F_j = F_1 \bigcap F_2 \bigcap \cdots \bigcap F_r$，则称 $F_1, F_2, \cdots, F_r$ 构成了一个大小为 r 的**太阳花**。1960 年，保罗·埃尔德什和理查德·拉多证明了如下的太阳花引理。

> **引理 3.1（太阳花引理[33]）** 令 $r \geqslant 2$，若 $\mathcal{F}$ 是一个 k-图且不包含大小为 $r+1$ 的太阳花，则有
> $$|\mathcal{F}| \leqslant k! r^k$$

证明： 我们将通过对 k 进行归纳来完成证明。对于 $k = 2$，若 $\mathcal{F}$ 是一个 2-图且不包含大小为 $r+1$ 的太阳花，即 $\mathcal{F}$ 是一个普通图，则其最大匹配是 r 且最大度为 r。若从 $\mathcal{F}$ 中找到一个最大匹配，则这个最大匹配最多覆盖 $2r$ 个点，这 $2r$ 个点是 $\mathcal{F}$ 的一个顶点覆盖。所以 $|\mathcal{F}| \leqslant 2r \cdot r = 2r^2$。

假设引理 3.1 对 $k-1$ 成立，下面我们证明引理 3.1 对 k 成立。设 $\mathcal{F}$ 是一个 k-图且不包含大小为 $r+1$ 的太阳花。令 $F_1, F_2, \cdots, F_p$ 是 $\mathcal{F}$ 中的一个最大匹配，显然有 $p \leqslant r$。令 $X = F_1 \bigcup F_2 \bigcup \cdots \bigcup F_p$，则 X 是一个顶点覆盖。对于任意的 $x \in X$，根据归纳假设，有 $|\mathcal{F}(x)| \leqslant (k-1)! r^{k-1}$，所以

$$|\mathcal{F}| \leqslant \sum_{x \in X} |\mathcal{F}(x)| \leqslant pk(k-1)! r^{k-1} \leqslant rk(k-1)! r^{k-1} = k! r^k \qquad \square$$

米歇尔·德萨（Michel Deza）首先意识到太阳花引理可以用来证明埃尔德什-柯-拉多定理的相关结论[34]。佐尔坦·菲雷迪[35] 进一步拓展了这一想法。彼得·弗兰克尔利用太阳花引理定义了 t-相交集族的基（或核）[36]，这一引理被广泛应用在解决 n 足够大时的 t-相交集族的相关问题中。

对于饱和 t-相交集族，彼得·弗兰克尔[37] 发现可以通过极小覆盖（极小横贯）来定义基。设 $\mathcal{F} \subseteq \dbinom{[n]}{k}$ 是一个饱和 t-相交集族。定义 t-**覆盖集族**（或 t-**横贯集族**）

$$\mathcal{T}_t(\mathcal{F}) = \left\{ T \in \dbinom{[n]}{\leqslant k} : \text{对于任意的 } F \in \mathcal{F} \text{ 都有 } |T \bigcap F| \geqslant t \right\}$$

定义**基集族** $\mathcal{B} = \mathcal{B}_t(\mathcal{F})$ 为 $\mathcal{T}_t(\mathcal{F})$ 中在包含关系下的所有极小元素构成的集族，即所有极小

t-覆盖的集合。我们称 $\mathcal{F}$ 的基集族为 $\mathcal{F}$ 的**标准生成集族**。对于 $t \leqslant \ell \leqslant k$，用 $\mathcal{B}^{(\ell)}$ 表示集合 $\{B \in \mathcal{B}: |B| = \ell\}$。

下面的引理表明基集族 $\mathcal{B}$ 确实是 $\mathcal{F}$ 的一个生成集族。

> **引理 3.2**[38]　令 $\mathcal{F} \subseteq \dbinom{[n]}{k}$ 是一个饱和 t-相交集族，$\mathcal{B} = \mathcal{B}_t(\mathcal{F})$，如果 $n > 2k - t$，那么如下两个结论成立。
>
> （1）$\mathcal{B}$ 是 t-相交的，且 $\langle \mathcal{B} \rangle = \mathcal{F}$，即 $\mathcal{B}$ 是 $\mathcal{F}$ 的一个生成集族。
>
> （2）对于 $t \leqslant \ell \leqslant k$，有
>
> $$|\mathcal{B}^{(\ell)}| \leqslant \binom{l}{t} k^{\ell-t}$$

证明：我们先来证明（1）。根据 $\mathcal{T}_t(\mathcal{F})$ 的定义可知，$\mathcal{F} = \mathcal{T}_t(\mathcal{F}) \cap \dbinom{[n]}{k}$，从而 $\mathcal{F} \subseteq \langle \mathcal{B} \rangle$。下面我们只需证明 $\langle \mathcal{B} \rangle \subseteq \mathcal{F}$。对于任意的 $F_0 \in \langle \mathcal{B} \rangle$，存在 $B \in \mathcal{B}$ 使得 $B \subseteq F_0$。由于 $B \in \mathcal{B}_t(\mathcal{F})$，对于任意的 $F \in \mathcal{F}$ 都有 $|B \cap F| \geqslant t$，从而对于任意的 $F \in \mathcal{F}$ 都有 $|F_0 \cap F| \geqslant t$。根据 $\mathcal{F}$ 的饱和性，可知 $F_0 \in \mathcal{F}$。所以 $\langle \mathcal{B} \rangle \subseteq \mathcal{F}$，进而 $\mathcal{F} = \langle \mathcal{B} \rangle$。

如果 $\mathcal{B}$ 不是 t-相交的，则存在 $B_1, B_2 \in \mathcal{B}$ 使得 $|B_1 \cap B_2| \leqslant t-1$。由于 $n > 2k-t$，存在 $C_1, C_2 \in [n] \setminus (B_1 \cup B_2)$，使得 $|B_1 \cup C_1| = |B_2 \cup C_2| = k$ 且 $|(B_1 \cup C_1) \cap (B_2 \cup C_2)| = t-1$。由于 $B_1 \cup C_1, B_2 \cup C_2 \in \langle \mathcal{B} \rangle = \mathcal{F}$，这与 $\mathcal{F}$ 是 t-相交集族矛盾。所以 $\mathcal{B}$ 是 t-相交的。

下面我们将采用一个分支过程来证明（2）。令 $s = \min\limits_{B \in \mathcal{B}} |B|$，初始化时我们选择一个集合 $B_0 \in \mathcal{B}$，其满足 $|B_0| = s$。对于 B_0 的每个 t 元子集 $\{x_1, x_2, \cdots, x_t\}$，我们定义一个 t 长序列 $(x_1, x_2, \cdots, x_t)$，从而共得到 $\dbinom{s}{t}$ 个序列。我们增长每个序列，直至终止时集族 $\mathcal{B}$ 的每个元素都有一个对应的序列，从而集族 $\mathcal{B}^{(\ell)}$ 的大小可以由终止时 ℓ 长序列的个数来给出上界。

对于当前的一个序列 $(x_1, x_2, \cdots, x_\ell)$，如果 $\ell = k$，则将序列 $(x_1, x_2, \cdots, x_\ell)$ 放入最终的序列集合中；如果 $|\{x_1, x_2, \cdots, x_\ell\} \cap B| \geqslant t$ 对于任意的 $B \in \mathcal{B}$ 均成立，则根据饱和性可知 $\{x_1, x_2, \cdots, x_\ell\} \in \mathcal{B}$，并将当前的序列 $(x_1, x_2, \cdots, x_\ell)$ 放入最终的序列集合中；否则存在 $B_1 \in \mathcal{B}$ 使得 $|\{x_1, x_2, \cdots, x_\ell\} \cap B_1| \leqslant t-1$，我们将序列 $(x_1, x_2, \cdots, x_\ell)$ 扩展为 $|B_1 \setminus \{x_1, x_2, \cdots, x_\ell\}| < k$ 个序列 $(x_1, x_2, \cdots, x_\ell, y)$，$y \in B_1 \setminus \{x_1, x_2, \cdots, x_\ell\}$。因为当序列长度增长到 k 时，序列一定会被放入最终的序列集合中，所以该分支过程一定会终止。

我们证明对于集族 $\mathcal{B}$ 的每个元素 B，都有一个对应的序列 $(x_1, x_2, \cdots, x_\ell)$ 使得 $B = \{x_1, x_2, \cdots, x_\ell\}$。若不然，我们设 $(x_1, x_2, \cdots, x_\ell)$ 为分支过程中满足 $\{x_1, x_2, \cdots, x_\ell\} \subseteq B$ 的最长的一个序列。这样的序列一定是存在的，因为在初始步骤时，$|B_0 \cap B| \geqslant t$，从而必然存在 B_0

的一个 t 元子集包含在 B 中。若 $(x_1,x_2,\cdots,x_\ell)$ 为一个最长的这样的序列，则由于 $\{x_1,x_2,\cdots,x_\ell\}\subsetneqq B$，所以 $\{x_1,x_2,\cdots,x_\ell\}\notin\mathcal{B}$，从而 $\{x_1,x_2,\cdots,x_\ell\}$ 不是一个 t-覆盖，故存在 $F\in\mathcal{F}$ 使得 $|F\bigcap\{x_1,x_2,\cdots,x_\ell\}|<t$。由于 $\langle\mathcal{B}\rangle=\mathcal{F}$，从而存在 $B_1\subseteq F$，进而有 $|B_1\bigcap\{x_1,x_2,\cdots,x_\ell\}|<t$。于是在分支过程中，$(x_1,x_2,\cdots,x_\ell)$ 可以扩展为 $(x_1,x_2,\cdots,x_\ell,y)$，$y\in B_1\setminus\{x_1,x_2,\cdots,x_\ell\}$。由于 $|B_1\bigcap B|\geq t$，所以必然存在某个 y 使得 $\{x_1,x_2,\cdots,x_\ell,y\}\subseteq B$，这与 $(x_1,x_2,\cdots,x_\ell)$ 为一个最长的包含在 B 中的序列矛盾。所以对于集族 $\mathcal{B}$ 的每个元素 B，都有一个对应的序列 $(x_1,x_2,\cdots,x_\ell)$ 使得 $B=\{x_1,x_2,\cdots,x_\ell\}$，从而集族 $\mathcal{B}^{(\ell)}$ 的大小小于等于分支过程终止时 ℓ 长序列的个数，即

$$\left|\mathcal{B}^{(\ell)}\right|<\binom{s}{t}k^{\ell-t}\leq\binom{\ell}{t}k^{\ell-t}\qquad\square$$

$\mathcal{B}_t(\mathcal{F})$ 由 $\mathcal{T}_t(\mathcal{F})$ 中的极小元素组成，根据引理 3.2 中的结论（1），可知 $\mathcal{T}_t(\mathcal{F})$ 也是 t-相交的。

> **事实 3.1** 令 $\mathcal{F}$ 是一个移位稳定的饱和 t-相交集族，$\mathcal{B}=\mathcal{B}_t(\mathcal{F})$ 是标准生成集族，对于任意 $B\in\mathcal{B}$，若 $j\in B$ 且 $i\notin B$，$i<j$，则存在 $B'\in\mathcal{B}$ 使得
> $$B'\subseteq(B\setminus\{j\})\bigcup\{i\}$$

证明： 令 $B''=(B\setminus\{j\})\bigcup\{i\}$。由 $\mathcal{F}$ 是移位稳定的且 $\langle B\rangle\subseteq\mathcal{F}$ 可以推出 $\langle B''\rangle\subseteq\mathcal{F}$，从而 $B''\in\mathcal{T}_t(\mathcal{F})$。因此存在极小元 $B'\in\mathcal{B}$ 使得 $B'\subseteq B''$。$\qquad\square$

对于任意 $A\subseteq[n]$，记 $s^+(A)=\max\{i:i\in A\}$。令 $\mathcal{B}=\mathcal{B}_t(\mathcal{F})$ 和 $s^+(\mathcal{B})=\max\{s^+(B):B\in\mathcal{B}\}$，$s^+(\mathcal{B})=\ell$，定义**边界生成集族**

$$\mathcal{B}_*=\{B\in\mathcal{B}:\ell\in B\}$$

> **引理 3.3** 令 $\mathcal{F}$ 是一个移位稳定且饱和的 t-相交集族，$\mathcal{B}=\mathcal{B}_t(\mathcal{F})$ 是 $\mathcal{F}$ 的标准生成集族，则对于任意边界生成集 $B\in\mathcal{B}$，都存在另一个边界生成集 $B'\in\mathcal{B}$，使得 $|B\bigcap B'|=t$ 且 $B\bigcup B'=[\ell]$。

📖 **注意：** 该引理蕴含一个事实，由于 $\ell+t=|B|+|B'|\leq 2k$，因此 $\ell\leq 2k-t$，即标准生成集族 $\mathcal{B}$ 是 $2^{[2k-t]}$ 的一个子集族。

证明： 由于 B 是 $\mathcal{F}$ 的一个极小覆盖且 $\ell\in B$，我们可以推断出 $E=B\setminus\{\ell\}$ 不再是 $\mathcal{F}$ 的一个 t-覆盖。因此，存在 $F_0\in\mathcal{F}$ 使得 $|E\bigcap F_0|<t$。由 $|B\bigcap F_0|\geq t$ 可推断出 $|B\bigcap F_0|=t$ 且 $\ell\in B\bigcap F_0$。又因为 $\langle\mathcal{B}\rangle=\mathcal{F}$，所以存在 $B'\in\mathcal{B}$ 使得 $B'\subseteq F_0$，如图 3.1（a）所示。注意到 $\mathcal{B}$ 是 t-相交的，由此可知 $|B\bigcap B'|=t$ 且 $\ell\in B\bigcap B'$。因此，$B'\in\mathcal{B}_*$。

如果 $B \cup B' \neq [\ell]$，则存在 $x \in [\ell]$ 使得 $x \notin B \cup B'$，如图 3.1（b）所示。由于 $x < \ell$，根据事实 3.1 可知存在 $B'' \in \mathcal{B}$ 使得 $B'' \subseteq (B \setminus \{\ell\}) \cup \{x\}$，因此 $|B'' \cap B'| = t-1$，这与 $\mathcal{B}$ 是 t-相交的矛盾。 □

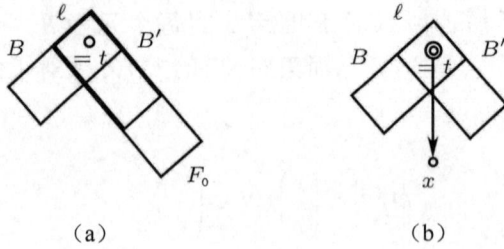

图 3.1　成对的边界生成集

3.2　t-相交埃尔德什-柯-拉多定理的生成集方法证明

鲁道夫·阿尔斯韦德和列翁·哈恰图良[32]发现了一种非常巧妙的方法可用来分析饱和且移位稳定的 t-相交集族的生成集族的结构。本节介绍他们的证明方法，并介绍其中与 t-相交埃尔德什-柯-拉多定理相关的内容。

令 $\mathcal{F} \subseteq \binom{[n]}{k}$ 是一个饱和 t-相交集族，$\mathcal{B} = \mathcal{B}_t(\mathcal{F})$。对于 $B \in \mathcal{B}$，定义

$$\mathcal{D}(B) = \left\{ F \in \binom{[n]}{k} : F \cap [s^+(B)] = B \right\}$$

因此，$|\mathcal{D}(B)| = \binom{n - s^+(B)}{k - |B|}$。

事实 3.2　对于任意不同的 $B_1, B_2 \in \mathcal{B}$，有 $\mathcal{D}(B_1) \cap \mathcal{D}(B_2) = \varnothing$。

证明： 实际上，如果存在 $F \in \mathcal{D}(B_1) \cap \mathcal{D}(B_2)$，$\ell_i = s^+(B_i)$（$i=1,2$），不失一般性，假设 $\ell_1 \leqslant \ell_2$，则有 $B_1 = F \cap [\ell_1] \subseteq F \cap [\ell_2] = B_2$，这与 $\mathcal{B}$ 是极小覆盖构成的集族矛盾。事实 3.2 得证。 □

引理 3.4[32]　令 $\mathcal{F} \subseteq \begin{bmatrix} [n] \\ k \end{bmatrix}$ 是一个饱和的、移位稳定的 t-相交集族，$\mathcal{B}$ 是 $\mathcal{F}$ 的标准生成集族，则有 $\mathcal{F} = \bigcup_{B \in \mathcal{B}} \mathcal{D}(B)$。

证明： 根据生成集族的定义，有 $\mathcal{F} \supset \bigcup_{B \in \mathcal{B}} \mathcal{D}(B)$。下面只需要证明对于任意 $F \in \mathcal{F}$，都存在 $B \in \mathcal{B}$ 使得 $F \in \mathcal{D}(B)$。由于 $\mathcal{B}$ 是生成集族，因此存在 $B \in \mathcal{B}$ 使得 $B \subseteq F$。从 $\mathcal{B}$ 中选择满足条件的 $B \in \mathcal{B}$ 使得 $s^+(B)$ 最小。容易知道 $F \cap [s^+(B)] \supseteq B$，下面证明 $F \cap [s^+(B)] = B$。如果 $F \cap [s^+(B)] \neq B$，则存在 $x \in F \cap [s^+(B)]$ 使得 $x \notin B$。由此可知，存在 $B' \in \mathcal{B}$ 使得 $B' \subseteq (B \setminus \{s^+(B)\}) \cup \{x\}$。显然有 $B' \subseteq F$ 且 $s^+(B') < s^+(B)$，这与 B 的选择相矛盾。因此 $F \cap [s^+(B)] = B$，从而 $F \in \mathcal{D}(B)$。所以引理 3.4 成立。　□

根据**事实 3.2** 和**引理 3.4**，可以得到以下推论。

推论 3.1　令 $\mathcal{F} \subseteq \begin{bmatrix} [n] \\ k \end{bmatrix}$ 是一个饱和的、移位稳定的 t-相交集族，$\mathcal{B}$ 是 $\mathcal{F}$ 的标准生成集族，则有

$$|\mathcal{F}| = \sum_{B \in \mathcal{B}} |\mathcal{D}(B)| = \sum_{B \in \mathcal{B}} \begin{pmatrix} n - s^+(B) \\ k - |B| \end{pmatrix}$$

令 $\mathcal{F} \subseteq \begin{bmatrix} [n] \\ k \end{bmatrix}$ 是 t-相交集族，如果存在 $T \subseteq [n]$ 满足 $|T| = t$ 使得对于任意的 $F \in \mathcal{F}$，$T \subseteq F$ 成立，那么我们称 $\mathcal{F}$ 是 **t-星**。

引理 3.5　令 $\mathcal{F} \subseteq \begin{bmatrix} [n] \\ k \end{bmatrix}$ 是一个最大的移位稳定 t-相交集族，$\mathcal{B}$ 是其标准生成集族，且 $s^+(\mathcal{B}) = \ell$。边界生成集族 $\mathcal{B}_*^{(p)} = \{B \in \mathcal{B}_* : |B| = p\}$。如果 $n > 2k$ 且对于某个 $p \neq \dfrac{\ell + t}{2}$ 有 $\mathcal{B}_*^{(p)} \neq \varnothing$，则 $\mathcal{F}$ 是一个 t-星。

证明： 假设 $\mathcal{F}$ 不是 t-星，则有 $\ell \geq t+1$。如果 $\mathcal{B}_*^{(p)} \neq \varnothing$，根据引理 3.3，有 $\mathcal{B}_*^{(\ell+t-p)} \neq \varnothing$。令 $q = \ell + t - p$，$\mathcal{P} = \mathcal{B}_*^{(p)}$，$\mathcal{Q} = \mathcal{B}_*^{(q)}$。由于 $p \neq \dfrac{\ell + t}{2}$，所以 $p \neq q$。定义

$$\mathcal{B}_1 = (\mathcal{B} \setminus \mathcal{P}) \cup \mathcal{Q}', \quad \mathcal{B}_2 = (\mathcal{B} \setminus \mathcal{Q}) \cup \mathcal{P}'$$

其中 $\mathcal{P}' = \{P \setminus \{\ell\} : P \in \mathcal{P}\}, \mathcal{Q}' = \{Q \setminus \{\ell\} : Q \in \mathcal{Q}\}$。注意到对于任意的 $P \in \mathcal{P}$，在 $\mathcal{B}$ 中所有与 P 相交恰好 t 个点的生成集都在 $\mathcal{Q}$ 中。同时对于任意的 $Q \in \mathcal{Q}$，在 $\mathcal{B}$ 中所有与 Q 相交恰好 t 个

点的生成集都在 $\mathcal{P}$ 中。所以 $\mathcal{B}_1$ 和 $\mathcal{B}_2$ 都是 t-相交的。令

$$\mathcal{F}_1 = \mathcal{D}(\mathcal{B}_1) = \bigcup_{B \in \mathcal{B}_1} \mathcal{D}(B), \mathcal{F}_2 = \mathcal{D}(\mathcal{B}_2) = \bigcup_{B \in \mathcal{B}_2} \mathcal{D}(B)$$

则 $\mathcal{F}_1$ 和 $\mathcal{F}_2$ 都是 t-相交的。根据推论 3.1，有

$$|\mathcal{F}| = \sum_{B \in \mathcal{B}} |\mathcal{D}(B)| = \sum_{B \in \mathcal{B}} \binom{n - s^+(B)}{k - |B|}$$

此外，有

$$|\mathcal{F}_1| = |\mathcal{F}| - |\mathcal{P}|\binom{n-\ell}{k-p} + |\mathcal{Q}|\binom{n-\ell}{k-q+1}$$

$$|\mathcal{F}_2| = |\mathcal{F}| - |\mathcal{Q}|\binom{n-\ell}{k-q} + |\mathcal{P}|\binom{n-\ell}{k-p+1}$$

根据 $\mathcal{F}$ 是最大的 t-相交集族，可以推断出

$$|\mathcal{Q}|\binom{n-\ell}{k-q+1} \leqslant |\mathcal{P}|\binom{n-\ell}{k-p}, |\mathcal{P}|\binom{n-\ell}{k-p+1} \leqslant |\mathcal{Q}|\binom{n-\ell}{k-q}$$

因此

$$\binom{n-\ell}{k-q+1}\binom{n-\ell}{k-p+1} \leqslant \binom{n-\ell}{k-p}\binom{n-\ell}{k-q}$$

这意味着

$$\frac{n-\ell-k+q}{k-q+1} \cdot \frac{n-\ell-k+p}{k-p+1} \leqslant 1 \tag{3.1}$$

由于 $n > 2k$ 且 $p+q = \ell+t$，有

$$\frac{n-\ell-k+p}{k-q+1} > \frac{k-\ell+p}{k-q+1} = \frac{k-q+t}{k-q+1} > 1$$

同样地，有 $\dfrac{n-\ell-k+q}{k-p+1} > 1$，与式（3.1）矛盾。引理 3.5 得证。 □

引理 3.6　令 $\mathcal{F} \subseteq \binom{[n]}{k}$ 是最大的移位稳定 t-相交集族，$\mathcal{B}$ 是其标准生成集族，且 $s^+(B) = \ell$。如果 $n > (t+1)(k-t+1)$ 且对于 $p = \dfrac{\ell+t}{2}$ 有 $\mathcal{B}_*^{(p)} \neq \varnothing$，则 $\mathcal{F}$ 是一个 t-星。

证明：假设 $\mathcal{F}$ 不是 t-星，则有 $\ell \geq t+1$。对于 $1 \leq i \leq \ell-1$，设

$$\mathcal{P}_i = \left\{ B \in \mathcal{B}_*^{(p)} : i \notin B \right\}$$

$$\mathcal{F}_i = \mathcal{D}\left(\left(\mathcal{B} \setminus \mathcal{B}_*^{(p)}\right) \cup \mathcal{P}_i'\right) \left(\mathcal{P}_i' = \left\{B \setminus \{\ell\} : B \in \mathcal{P}_i\right\}\right)$$

由于对于任意的 $B \in \mathcal{P}_i (i=1,2,\cdots,\ell-1)$，在 $\mathcal{B}$ 中所有与 B 相交恰好 t 个点的生成集都在 $\mathcal{B}_*^{(p)} \setminus \mathcal{P}_i$ 中，所以 $\mathcal{F}_i$ 是 t-相交的。由于

$$\sum_{i=1}^{\ell-1} |\mathcal{P}_i| = |\mathcal{B}_*^{(p)}| \left(\ell-p\right)$$

则存在 $i \in [\ell-1]$ 使得

$$|\mathcal{P}_i| \geq \frac{\ell-p}{\ell-1} |\mathcal{B}_*^{(p)}|$$

则有

$$|\mathcal{F}_i| = |\mathcal{F}| - \sum_{j} |\mathcal{P}_j| \binom{n-\ell}{k-p} + |\mathcal{P}_i| \binom{n-\ell+1}{k-p+1}$$

$$= |\mathcal{F}| - |\mathcal{B}_*^{(p)}| \binom{n-\ell}{k-p} + |\mathcal{P}_i| \binom{n-\ell+1}{k-p+1}$$

$$\geq |\mathcal{F}| - |\mathcal{B}_*^{(p)}| \binom{n-\ell}{k-p} + \frac{\ell-p}{\ell-1} |\mathcal{B}_*^{(p)}| \binom{n-\ell+1}{k-p+1}$$

因此

$$\binom{n-\ell}{k-p} \geq \frac{\ell-p}{\ell-1} \binom{n-\ell+1}{k-p+1}$$

即

$$1 \geq \frac{\ell-p}{\ell-1} \cdot \frac{n-\ell+1}{k-p+1}$$

化简可得

$$n \leq \frac{\ell-1}{\ell-p}(k-t+1)$$

由于 $\ell \geqslant t+1$ 且 $\ell + t$ 是偶数, 可以推断出 $\ell \geqslant t+2$ 。由于 $p = \dfrac{\ell + t}{2}$, 因此

$$\frac{\ell - 1}{\ell - p} = \frac{2\ell - 2}{\ell - t} = 2 + 2\frac{t-1}{\ell - t} \leqslant t + 1$$

这与 $n > (t+1)(k-t+1)$ 矛盾。引理 3.6 得证。 □

定理 3.1（精确埃尔德什-柯-拉多定理[26,27]）　令 $\mathcal{F} \subseteq \dbinom{[n]}{k}$ 是一个 t-相交集族。若 $n > (t+1)(k-t+1)$, 则有

$$|\mathcal{F}| \leqslant \binom{n-t}{k-t}$$

证明：假设 $\mathcal{F} \subseteq \dbinom{[n]}{k}$ 是一个饱和的、移位稳定的 t-相交集族。令 $\mathcal{B} = \mathcal{B}_t(\mathcal{F})$ 且 $s^+(B) = \ell$ 。回顾边界生成集 $\mathcal{B}_* = \{B \in \mathcal{B} : \ell \in B\}$ 。如果 $\ell = t$, 由于 $\mathcal{B}$ 是一个 t-相交集族, 因此 $\mathcal{B} = \{[t]\}$ 。注意到 $\mathcal{B}$ 和 $\mathcal{F}$ 是交叉 t-相交集族, 这就推出 $\mathcal{F} = \left\{ F \in \dbinom{[n]}{k} : [t] \subseteq F \right\}$, 因此 $|\mathcal{F}| = \dbinom{n-t}{k-t}$ 。所以我们可以假设 $\ell \geqslant t+1$ 。根据引理 3.5 和引理 3.6, 就完成了精确埃尔德什-柯-拉多定理的证明。 □

通过更精细的论证, 鲁道夫·阿尔斯韦德和列翁·哈恰图良证明了完全 t-相交定理和精确希尔顿-米尔纳-弗兰克尔定理, 具体证明过程此处不再赘述。

定理 3.2（完全 t-相交定理[32]）　若 $\mathcal{F} \subseteq \dbinom{[n]}{k}$ 是一个 t-相交集族, 则有

$$|\mathcal{F}| \leqslant \max_{0 \leqslant i \leqslant k-t} |\mathcal{A}_i|$$

定义

$$\mathcal{H}(n,k,t) = \left\{ H \in \binom{[n]}{k} : [t] \subseteq H, H \cap [t+1, k+1] \neq \varnothing \right\} \cup \left\{ [k+1] \setminus \{j\} : 1 \leqslant j \leqslant t \right\}$$

给定一个 t-相交集族 $\mathcal{F}$, 如果 $\mathcal{F}$ 满足 $\left| \bigcap \{F : F \in \mathcal{F}\} \right| < t$, 则称 $\mathcal{F}$ 是一个**非平凡 t-相交集族**。

定理 3.3（精确希尔顿-米尔纳-弗兰克尔定理[26,39]） 若 $\mathcal{F} \subseteq \begin{pmatrix} [n] \\ k \end{pmatrix}$ 是一个非平凡 t-相交集族，则对于 $n \geqslant (t+1)(k-t+1)$，有

$$|\mathcal{F}| \leqslant \max\left\{|\mathcal{A}_1|, |\mathcal{H}(n,k,t)|\right\}$$

3.3 非空交叉 t-相交集族的最大和问题

给定 $\mathcal{F} \subseteq \begin{pmatrix} [n] \\ k \end{pmatrix}, \mathcal{G} \subseteq \begin{pmatrix} [n] \\ l \end{pmatrix}$，如果对于任意的 $F \in \mathcal{F}, G \in \mathcal{G}$ 都有 $|F \cap G| \geqslant t$，则称 $\mathcal{F}, \mathcal{G}$ 是交叉 t-相交的。如果同时有 $\mathcal{F} \neq \varnothing \neq \mathcal{G}$，则称 $\mathcal{F}, \mathcal{G}$ 是非空交叉 t-相交的。如果 $\mathcal{F}, \mathcal{G}$ 是非空交叉 1-相交的，直接称 $\mathcal{F}, \mathcal{G}$ 是非空交叉相交的。

安东尼·希尔顿和埃里克·米尔纳证明了如下定理。

定理 3.4[8] 令 $\mathcal{F}, \mathcal{G} \subseteq \begin{pmatrix} [n] \\ k \end{pmatrix}$ 为两个非空交叉相交集族，且满足 $n \geqslant 2k$，则

$$|\mathcal{F}| + |\mathcal{G}| \leqslant \begin{pmatrix} n \\ k \end{pmatrix} - \begin{pmatrix} n-k \\ k \end{pmatrix} + 1$$

彼得·弗兰克尔和德重典英将定理 3.4 推广为如下形式。

定理 3.5[12] 令 $\mathcal{F} \subseteq \begin{pmatrix} [n] \\ k \end{pmatrix}, \mathcal{G} \subseteq \begin{pmatrix} [n] \\ l \end{pmatrix}$ 是两个非空交叉相交集族。如果 $n \geqslant k + \ell$ 且 $k \geqslant \ell$，则

$$|\mathcal{F}| + |\mathcal{G}| \leqslant \begin{pmatrix} n \\ k \end{pmatrix} - \begin{pmatrix} n-l \\ k \end{pmatrix} + 1$$

彼得·弗兰克尔和安德烈·库帕夫斯基证明了 t-相交的相应结论。

定理 3.6[40] 令 $\mathcal{F}, \mathcal{G} \subseteq \begin{pmatrix} [n] \\ k \end{pmatrix}$ 为两个非空交叉 t-相交集族，且满足 $k > t \geqslant 1$，$n > 2k - t$，则有

$$|\mathcal{F}| + |\mathcal{G}| \leqslant \binom{n}{k} - \sum_{i=0}^{t-1} \binom{k}{i}\binom{n-k}{k-i} + 1$$

王军和张华军采用群作用的方法证明了更一般的结论。

定理 3.7[41]　令 $\mathcal{F} \subseteq \binom{[n]}{k}, \mathcal{G} \subseteq \binom{[n]}{\ell}$ 是两个非空交叉 t-相交集族，且满足 $k, \ell \geqslant t \geqslant 2$，$n > \max\{k + \ell - t, 4\}$，则

$$|\mathcal{F}| + |\mathcal{G}| \leqslant \binom{n}{k} - \sum_{i=0}^{t-1} \binom{k}{i}\binom{n-k}{\ell-i} + 1$$

在本节中，我们将采用生成集方法给出定理 3.6 的一个证明。令 $\mathcal{F}, \mathcal{G} \subseteq \binom{[n]}{k}$ 为两个非空交叉 t-相交集族，如果在 $\mathcal{F}$ 或 $\mathcal{G}$ 中任意添加一个额外的集合都会破坏交叉 t-相交的性质，则称 $\mathcal{F}, \mathcal{G}$ 是**饱和交叉 t-相交的**。

设 $\mathcal{F}, \mathcal{G}$ 是一对饱和交叉 t-相交集族，可以证明同时对 $\mathcal{F}, \mathcal{G}$ 进行移位运算能够保持交叉 t-相交的性质，所以我们可以假设 $\mathcal{F}, \mathcal{G}$ 都是移位稳定的。定义

$$\mathcal{T}_t(\mathcal{G}) = \left\{ T \subseteq [n] : |T| \leqslant k, \text{且对于任意的} G \in \mathcal{G} \text{满足} |T \cap G| \geqslant t \right\}$$

$$\mathcal{T}_t(\mathcal{F}) = \left\{ T \subseteq [n] : |T| \leqslant k, \text{且对于任意的} F \in \mathcal{F} \text{满足} |T \cap F| \geqslant t \right\}$$

同时令 $\mathcal{B}_1 = \mathcal{B}_t(\mathcal{G})$ 是 $\mathcal{T}_t(\mathcal{G})$ 中所有在包含关系下的极小元构成的集族，令 $\mathcal{B}_2 = \mathcal{B}_t(\mathcal{F})$ 是 $\mathcal{T}_t(\mathcal{F})$ 中所有在包含关系下的极小元构成的集族。

引理 3.7　$\mathcal{F} = \langle \mathcal{B}_1 \rangle, \mathcal{G} = \langle \mathcal{B}_2 \rangle$ 且 $\mathcal{B}_1, \mathcal{B}_2$ 是交叉 t-相交的。

证明： 根据 $\mathcal{T}_t(\mathcal{G})$ 的定义可知，$\mathcal{F} \subseteq \mathcal{T}_t(\mathcal{G})$，从而 $\mathcal{F} \subseteq \langle \mathcal{B}_1 \rangle$。对于任意的 $F_0 \in \langle \mathcal{B}_1 \rangle$，存在 $B \in \mathcal{B}_1$ 使得 $B \subseteq F_0$。由于对于任意的 $G \in \mathcal{G}$ 都有 $|B \cap G| \geqslant t$，从而对于任意的 $G \in \mathcal{G}$ 都有 $|F_0 \cap G| \geqslant t$。根据 $\mathcal{F}, \mathcal{G}$ 的饱和性，可知 $F_0 \in \mathcal{F}$。所以 $\langle \mathcal{B}_1 \rangle \subseteq \mathcal{F}$，从而 $\mathcal{F} = \langle \mathcal{B}_1 \rangle$。类似地，可以证明 $\mathcal{G} = \langle \mathcal{B}_2 \rangle$。

如果 $\mathcal{B}_1, \mathcal{B}_2$ 不是交叉 t-相交的，则存在 $B_1 \in \mathcal{B}_1, B_2 \in \mathcal{B}_2$ 使得 $|B_1 \cap B_2| \leqslant t-1$。由于 $n > 2k-t$，存在 $C_1, C_2 \in [n] \setminus (B_1 \cup B_2)$，使得 $|B_1 \cup C_1| = |B_2 \cup C_2| = k$ 且 $|(B_1 \cup C_1) \cap (B_2 \cup C_2)| = t-1$。由于 $B_1 \cup C_1 \in \langle \mathcal{B}_1 \rangle = \mathcal{F}$，$B_2 \cup C_2 \in \langle \mathcal{B}_2 \rangle = \mathcal{G}$，这与 $\mathcal{F}, \mathcal{G}$ 是交叉 t-相交集族矛盾，所以 $\mathcal{B}_1, \mathcal{B}_2$ 是交叉 t-相交的。　□

回顾 $s^+(\mathcal{B}) = \max\left\{s^+(B) : B \in \mathcal{B}\right\}$，其中 $s^+(B) = \max\left\{i : i \in B\right\}$。

引理 3.8 $s^+(\mathcal{B}_1) = s^+(\mathcal{B}_2)$。

证明： 假设 $s^+(\mathcal{B}_1) \neq s^+(\mathcal{B}_2)$，根据对称性，不妨设 $s^+(\mathcal{B}_1) = \ell_1 > \ell_2 = s^+(\mathcal{B}_2)$。对于任意满足 $\ell_1 \in B_1$ 的 $B_1 \in \mathcal{B}_1$，根据 $\mathcal{B}_1$ 的定义，可知 $B_1 \setminus \{\ell_1\} \notin \mathcal{T}_t(\mathcal{G})$，从而存在 $G \in \mathcal{G}$ 使得 $\left|(B_1 \setminus \{\ell_1\}) \cap G\right| < t$。由于 $\mathcal{G} = \langle \mathcal{B}_2 \rangle$，所以存在 $B_2 \in \mathcal{B}_2$ 使得 $B_2 \subseteq G$，从而 $\left|(B_1 \setminus \{\ell_1\}) \cap B_2\right| < t$。由 $\ell_1 > \ell_2$ 可知 $\ell_1 \notin B_2$ 且 $|B_1 \cap B_2| < t$。这与 $\mathcal{B}_1, \mathcal{B}_2$ 是交叉 t-相交的矛盾。 □

设 $s^+(\mathcal{B}_1) = s^+(\mathcal{B}_2) = \ell$。定义边界生成集族

$$\mathcal{B}_{1*} = \left\{B \in \mathcal{B}_1 : \ell \in B\right\}, \quad \mathcal{B}_{2*} = \left\{B \in \mathcal{B}_2 : \ell \in B\right\}$$

引理 3.9 对于任意的 $B_1 \in \mathcal{B}_{1*}$，存在 $B_2 \in \mathcal{B}_{2*}$ 使得 $|B_1 \cap B_2| = t$ 且 $B_1 \cup B_2 = [\ell]$。

证明： 由于 B_1 是 $\mathcal{G}$ 的一个极小覆盖且 $\ell \in B_1$，我们可以推断出 $E_1 = B_1 \setminus \{\ell\}$ 不再是 $\mathcal{G}$ 的一个覆盖。因此，存在 $G \in \mathcal{G}$ 使得 $|E_1 \cap G| < t$。由 $|B_1 \cap G| \geq t$ 可推断出 $|B \cap G| = t$，又因为 $\langle \mathcal{B}_2 \rangle = \mathcal{G}$，所以存在 $B_2 \in \mathcal{B}_2$ 使得 $B_2 \subseteq G$。注意到 $\mathcal{B}_1, \mathcal{B}_2$ 是交叉 t-相交的，由此可知 $|B_1 \cap B_2| = t$。

如果 $B_1 \cup B_2 \neq [\ell]$，则存在 $x \in [\ell]$ 使得 $x \notin B_1 \cup B_2$。由于 $x < \ell$，根据事实 3.1 可知存在 $B_2' \in \mathcal{B}_2$ 使得 $B_2' \subseteq (B_2 \setminus \{\ell\}) \cup \{x\}$。因此 $|B_1 \cap B_2'| < t$，这与 $\mathcal{B}_1, \mathcal{B}_2$ 是交叉 t-相交的矛盾。引理 3.9 得证。 □

定理 3.6 的证明： 令 $\mathcal{F}, \mathcal{G} \subseteq \binom{[n]}{k}$ 为两个非空交叉 t-相交集族且 $|\mathcal{F}| + |\mathcal{G}|$ 最大，若有多个非空交叉 t-相交集族达到最大值，则选择使得 $|\mathcal{F}|$ 最小的一对 $(\mathcal{F}, \mathcal{G})$。由于移位运算不改变交叉 t-相交的性质，我们假设 $\mathcal{F}, \mathcal{G}$ 都是移位稳定的。令 $\mathcal{B}_1 = \mathcal{B}_t(\mathcal{G}), \mathcal{B}_2 = \mathcal{B}_t(\mathcal{F})$。

断言： $\mathcal{B}_1 = \{[\ell]\}, \mathcal{B}_2 = \binom{[\ell]}{t}$ 或者 $\mathcal{B}_2 = \{[\ell]\}, \mathcal{B}_1 = \binom{[\ell]}{t}$。

断言的证明： 如果 $\ell = t$，根据 $\mathcal{B}_1, \mathcal{B}_2$ 是交叉 t-相交的，可推出 $\mathcal{B}_1 = \{[t]\}, \mathcal{B}_2 = \{[t]\}$。所以我们可以假设 $\ell \geq t+1$。不妨设 $\mathcal{P} = \left\{B \in \mathcal{B}_{1*} : |B| = p\right\} \neq \varnothing$，令 $q = \ell + t - p$，则根据引理 3.9 可知 $\mathcal{Q} = \left\{B \in \mathcal{B}_{2*} : |B| = q\right\} \neq \varnothing$。定义

$$\mathcal{B}_1' = \mathcal{B}_1 \setminus \mathcal{P}, \quad \mathcal{B}_2' = (\mathcal{B}_2 \setminus \mathcal{Q}) \cup \mathcal{Q}'$$

$$\mathcal{B}_1'' = (\mathcal{B}_1 \setminus \mathcal{P}) \cup \mathcal{P}', \quad \mathcal{B}_2'' = \mathcal{B}_2 \setminus \mathcal{Q}$$

其中，$\mathcal{P}' = \left\{P \setminus \{\ell\} : P \in \mathcal{P}\right\}, \mathcal{Q}' = \left\{Q \setminus \{\ell\} : Q \in \mathcal{Q}\right\}$。因为与 $\mathcal{P}$ 中集合相交恰好 t 个元素的 $\mathcal{B}_2$ 中的集合都在 $\mathcal{Q}$ 中，所以 $\mathcal{B}_1', \mathcal{B}_2'$ 是交叉 t-相交的，$\mathcal{B}_1'', \mathcal{B}_2''$ 是交叉 t-相交的。根据推论 3.1，可以得出

$$\left|\mathcal{D}\left(\mathcal{B}_1'\right)\right| + \left|\mathcal{D}\left(\mathcal{B}_2'\right)\right| = |\mathcal{F}| + |\mathcal{G}| - |\mathcal{P}|\binom{n-\ell}{k-p} + |\mathcal{Q}|\binom{n-\ell}{k-q+1}$$

$$\left|\mathcal{D}\left(\mathcal{B}_1''\right)\right| + \left|\mathcal{D}\left(\mathcal{B}_2''\right)\right| = |\mathcal{F}| + |\mathcal{G}| - |\mathcal{Q}|\binom{n-\ell}{k-q} + |\mathcal{P}|\binom{n-\ell}{k-p+1}$$

若 $\mathcal{B}_1', \mathcal{B}_2'$ 中的一个是空集，则 $\mathcal{B}_1' = \varnothing$，从而 $\mathcal{B}_1 = \{[\ell]\}, \mathcal{B}_2 = \binom{[\ell]}{t}$，断言成立。若 $\mathcal{B}_1'', \mathcal{B}_2''$ 中的一个是空集，则 $\mathcal{B}_2'' = \varnothing$，从而 $\mathcal{B}_2 = \{[\ell]\}, \mathcal{B}_1 = \binom{[\ell]}{t}$，断言也成立。所以我们可以假设 $\mathcal{B}_1', \mathcal{B}_2', \mathcal{B}_1'', \mathcal{B}_2''$ 都是非空的。

根据 $|\mathcal{F}| + |\mathcal{G}|$ 的最大性，有

$$|\mathcal{P}|\binom{n-\ell}{k-p} \geqslant |\mathcal{Q}|\binom{n-\ell}{k-q+1}$$

$$|\mathcal{Q}|\binom{n-\ell}{k-q} \geqslant |\mathcal{P}|\binom{n-\ell}{k-p+1}$$

将两式相乘可得

$$\binom{n-\ell}{k-p}\binom{n-\ell}{k-q} \geqslant \binom{n-\ell}{k-p+1}\binom{n-\ell}{k-q+1}$$

通过化简可以得到

$$\frac{n-\ell-k+p}{k-p+1} \cdot \frac{n-\ell-k+q}{k-q+1} \leqslant 1$$

由 $p+q = \ell+t$ 可以推出 $n-\ell-k+q = n-k-p+t, n-\ell-k+p = n-k-q+t$，从而

$$1 \geqslant \frac{n-\ell-k+p}{k-p+1} \cdot \frac{n-\ell-k+q}{k-q+1} = \frac{n-k-p+t}{k-p+1} \cdot \frac{n-k-q+t}{k-q+1}$$

根据 $n > 2k-t$ 即 $n \geqslant 2k-t+1$，有

$$\frac{n-k-p+t}{k-p+1} \cdot \frac{n-k-q+t}{k-q+1} \geqslant 1$$

从而

$$\frac{n-k-p+t}{k-p+1} \cdot \frac{n-k-q+t}{k-q+1} = 1$$

这使得 $\left|\mathcal{D}(\mathcal{B}_1')\right|+\left|\mathcal{D}(\mathcal{B}_2')\right|=|\mathcal{F}|+|\mathcal{G}|$，由于 $\left|\mathcal{D}(\mathcal{B}_1')\right|<|\mathcal{F}|$，则 $\left(\mathcal{D}(\mathcal{B}_1'),\mathcal{D}(\mathcal{B}_2')\right)$ 是一对使得 $\left|\mathcal{D}(\mathcal{B}_1')\right|+\left|\mathcal{D}(\mathcal{B}_2')\right|$ 达到最大的非空交叉 t-相交集族，且 $\left|\mathcal{D}(\mathcal{B}_1')\right|<|\mathcal{F}|$，与 $(\mathcal{F},\mathcal{G})$ 的选择矛盾，从而断言得证。 $\qquad\square$

根据断言和对称性，我们可以假设 $\mathcal{B}_1=\{[\ell]\},\mathcal{B}_2=\dbinom{[\ell]}{t}$，从而

$$|\mathcal{F}|+|\mathcal{G}|=\binom{n}{k}-\sum_{i=0}^{t-1}\binom{\ell}{i}\binom{n-\ell}{k-i}+\binom{n-\ell}{k-\ell}=f(\ell)$$

显然有 $t\leqslant\ell\leqslant k$。由于

$$f(\ell+1)-f(\ell)=\binom{\ell}{t-1}\binom{n-\ell-1}{k-t}-\binom{n-\ell-1}{k-\ell}>0$$

所以

$$|\mathcal{F}|+|\mathcal{G}|=f(k)=\binom{n}{k}-\sum_{i=0}^{t-1}\binom{k}{i}\binom{n-k}{k-i}+1$$

这就完成了定理 3.6 的证明。 $\qquad\blacksquare$

第4章 线性代数方法

4.1 霍夫曼定理与埃尔德什-柯-拉多定理的谱方法证明

给定一个普通图 G，定义**独立数** $\alpha(G)$ 为图 G 的最大独立集的大小。霍夫曼定理用图 G 的最大特征值和最小特征值给出了正则图独立数的一个上界。

> **定理 4.1（霍夫曼定理[42,43]）** 图 G 是有 n 个顶点的正则图，A 是对应的邻接矩阵，具有特征值 $\lambda_1 \geqslant \lambda_2 \geqslant \cdots \geqslant \lambda_n$，则
>
> $$\alpha(G) \leqslant \frac{n}{1 - \dfrac{\lambda_1}{\lambda_n}}$$

证明： 令 $\lambda_1, \lambda_2, \cdots, \lambda_n$ 是 A 的 n 个特征值，且 $\lambda_1 \geqslant \lambda_2 \geqslant \cdots \geqslant \lambda_n$。令 d 是 G 的正则度，则显然有 $\lambda_1 = d$，且向量 $\boldsymbol{v}_1 = \frac{1}{\sqrt{n}}(1, \cdots, 1)$ 是 A 的特征值 d 对应的特征向量。令 $\boldsymbol{v}_1, \boldsymbol{v}_2, \cdots, \boldsymbol{v}_n$ 是 $\lambda_1, \lambda_2, \cdots, \lambda_n$ 对应的单位特征向量，且构成一组标准正交基。如果 $S \subseteq V(G)$ 是一个独立集，则它对应的指示向量 $\boldsymbol{f}$ 满足

$$\boldsymbol{f}^{\mathrm{T}} A \boldsymbol{f} = 0$$

令 $\boldsymbol{f} = c_1 \boldsymbol{v}_1 + \cdots + c_n \boldsymbol{v}_n$，则

$$\boldsymbol{f}^{\mathrm{T}} A \boldsymbol{f} = \sum_{i,j} c_i c_j \lambda_j \boldsymbol{v}_i^{\mathrm{T}} \boldsymbol{v}_j = \sum_{i=1}^{n} \lambda_i c_i^2$$

又由于 $\boldsymbol{f}^{\mathrm{T}} \boldsymbol{f} = |S| = \sum_i c_i^2$ 且 $c_1 = \langle f, \boldsymbol{v}_1 \rangle = \dfrac{|S|}{\sqrt{n}}$，有

$$0 = \boldsymbol{f}^{\mathrm{T}} A \boldsymbol{f} = \sum_{i=1}^{n} \lambda_i c_i^2 \geqslant \lambda_1 c_1^2 + \lambda_n \sum_{i=2}^{n} c_i^2 \geqslant \lambda_1 \frac{|S|^2}{n} + \lambda_n \left(|S| - \frac{|S|^2}{n} \right)$$

从而

$$|S| \leqslant \frac{n}{1 - \dfrac{\lambda_1}{\lambda_n}}$$

考虑克内泽尔图 $\mathrm{KN}(n,k)$，其顶点集合 $V = \dbinom{[n]}{k}$，对于任意两个 k 元子集，如果它们的交集为空集，则连接一条边；否则不连接边。注意到任意一个相交集族恰好是克内泽尔图的一个独立集，所以我们可以应用霍夫曼定理来证明埃尔德什-柯-拉多定理。

拉兹洛·洛瓦斯[44]确定了克内泽尔图的所有特征值。

> **定理 4.2[44]** 克内泽尔图 $\mathrm{KN}(n,k)$ 的特征值为 $(-1)^j \dbinom{n-k-j}{k-j}$（ $0 \leqslant j \leqslant k$ ），对应的重数为 $\dbinom{n}{j} - \dbinom{n}{j-1}$。

证明： 令 $\boldsymbol{A}$ 为 $\mathrm{KN}(n,k)$ 的邻接矩阵，可以用 $[n]$ 的 k 元子集来对 $\boldsymbol{A}$ 的行和列进行索引，即对于任意的 $S, T \in \dbinom{[n]}{k}$，如果 $S \cap T = \varnothing$，则 $\boldsymbol{A}_{S,T} = 1$；否则 $\boldsymbol{A}_{S,T} = 0$。对于任意的 $t \leqslant k$ 和 $T \in \dbinom{[n]}{t}$，定义一个实数 x_T。对于任意的 $U \in \dbinom{[n]}{t-1}$，建立方程组

$$\sum_{T : U \subseteq T} x_T = 0 \tag{4.1}$$

由于每个给定的 U 都对应一个方程，所以我们得到了一个具有 $\dbinom{n}{t}$ 个未知数和 $\dbinom{n}{t-1}$ 个方程的线性方程组，而且容易验证这些方程都是线性无关的。所以方程组解空间 $\mathcal{X}_t$ 的维数为

$$\binom{n}{t} - \binom{n}{t-1}$$

定义向量空间

$$\mathcal{Y}_t = \left\{ \left(y_A \middle| A \in \binom{[n]}{k} \right) : y_A = \sum_{T : T \subseteq A} x_T \text{ 且 } (x_T) \in \mathcal{X}_t \right\}$$

容易验证 $\mathcal{Y}_t$ 的维数也是

$$\binom{n}{t} - \binom{n}{t-1}$$

为了方便，我们用 (y_A) 表示行向量 $\left(y_A \mid A \in \binom{[n]}{k} \right)$。我们只需证明 $\boldsymbol{\mathcal{A}} (y_A)^{\mathrm{T}} = \lambda (y_A)^{\mathrm{T}}$。

给定 $B \in \binom{[n]}{k}$，用 $\boldsymbol{\mathcal{A}}$ 的以 B 为指标的行乘 $(y_A)^{\mathrm{T}}$，证明结果等于 λy_B。

$$\sum_{A:B \cap A = \varnothing} y_A = \sum_{A:B \cap A = \varnothing} \sum_{T:T \subseteq A} x_T$$

$$= \sum_{T:B \cap T = \varnothing} \sum_{A:T \subseteq A \subseteq B^c} x_T$$

$$= \binom{n-k-t}{k-t} \sum_{T:B \cap T = \varnothing} x_T$$

令

$$\beta_i = \sum_{T:|B \cap T|=i} x_T$$

注意到

$$\beta_0 = \sum_{T:B \cap T = \varnothing} x_T, \beta_t = \sum_{T:T \subseteq B} x_T = y_B$$

根据式（4.1），选择对所有满足 $|U \cap B| = i$ 的 U 对应的方程求和，可以得到

$$\sum_{U:|U \cap B|=i} \sum_{T:U \subseteq T} x_T = 0 = \sum_{T:|T \cap B|=i} \sum_{T \cap B \subseteq U \subseteq T, |U \cap B|=i} x_T + \sum_{T:|T \cap B|=i+1} \sum_{T \cap B \subseteq U \subseteq T, |U \cap B|=i} x_T$$

$$= (t-i) \sum_{T:|T \cap B|=i} x_T + (i+1) \sum_{T:|T \cap B|=i+1} x_T$$

$$= (t-i)\beta_i + (i+1)\beta_{i+1}$$

于是，有

$$\frac{\beta_{i+1}}{\beta_i} = -\frac{t-i}{i+1}$$

从而

$$\frac{\beta_t}{\beta_0} = \prod_{0 \leqslant i \leqslant t-1} \frac{\beta_{i+1}}{\beta_i} = (-1)^t \prod_{0 \leqslant i \leqslant t-1} \frac{t-i}{i+1} = (-1)^t$$

所以

$$\sum_{A:B\cap A=\varnothing} y_A = \binom{n-k-t}{k-t}\beta_0 = (-1)^t \binom{n-k-t}{k-t}\beta_t = (-1)^t \binom{n-k-t}{k-t}y_B$$

即 (y_A) 是 $\mathcal{A}$ 的一个特征向量, 其对应的特征值为 $(-1)^t \binom{n-k-t}{k-t}$, 重数为 $\binom{n}{t} - \binom{n}{t-1}$。定理 4.2 得证。 $\square$

埃尔德什-柯-拉多定理的谱方法证明: 令 $\mathcal{F} \subseteq \binom{[n]}{k}$ 为一个相交集族。根据定理 4.2,克内泽尔图 $\mathrm{KN}(n,k)$ 邻接矩阵的最大特征值 $\lambda_{\max} = \binom{n-k}{k}$, 最小特征值 $\lambda_{\min} = -\binom{n-k-1}{k-1}$。所以

$$|\mathcal{F}| \leqslant \alpha\big(\mathrm{KN}(n,k)\big) \leqslant \frac{\binom{n}{k}}{1+\dfrac{\binom{n-k}{k}}{\binom{n-k-1}{k-1}}} = \binom{n-1}{k-1}$$

$\square$

4.2 黄-赵定理

给定 $\mathcal{F} \subseteq \binom{[n]}{k}$ 和 $i \in [n]$, 我们用 $\mathcal{F}(i)$ 表示集族 $\{F \setminus \{i\}: i \in F \in \mathcal{F}\}$。定义 $\mathcal{F}$ 的最小度

$$\delta(\mathcal{F}) = \min\big\{|\mathcal{F}(i)|: i \in [n]\big\}$$

2017 年, 黄皓与赵羿得到了下面的定理, 他们给出的证明是一个非常漂亮的线性代数方法证明。

> **定理 4.3 (黄-赵定理[45])** 给定 $n \geqslant 2k+1$, 如果 $\mathcal{F} \subseteq \binom{[n]}{k}$ 是一个相交集族, 那么
> $$\delta(\mathcal{F}) \leqslant \binom{n-2}{k-2}$$

他们还证明了下面的引理。

引理 4.1[45]　假设 $u_1, \cdots, u_n$ 是 $\mathbb{R}^{n-1}$ 中 n 个互不相同的等长度的非零向量，使得对于任意的 $i \neq j$，$\langle u_i, u_j \rangle$ 均相等，则对于任意一个向量 v，存在下标 i，使得

$$\langle v, u_i \rangle \leqslant -\frac{1}{n-1} \langle u_i, u_i \rangle^{1/2} \langle v, v \rangle^{1/2}$$

证明： 不失一般性，我们假设 u_i 为单位向量。所以，只需证明 $\langle v, u_i \rangle \leqslant -\dfrac{1}{n-1} \langle v, v \rangle^{\frac{1}{2}}$。

注意到 $i \neq j$ 时，有

$$\| u_i - u_j \|^2 = \| u_i \|^2 + \| u_j \|^2 - 2\langle u_i, u_j \rangle = 2 - 2\langle u_i, u_j \rangle$$

即这些向量之间的夹角相等且距离相等，根据对称性可得

$$\sum_{i=1}^n u_i = 0$$

因此

$$2 \sum_{1 \leqslant i < j \leqslant n} \langle u_i, u_j \rangle = \left\langle \sum_{i=1}^n u_i, \sum_{i=1}^n u_i \right\rangle - \sum_{i=1}^n \langle u_i, u_i \rangle = -n$$

从而对于 $i \neq j$，有

$$\langle u_i, u_j \rangle = -\frac{n}{n(n-1)} = -\frac{1}{n-1}$$

定义 C_i 为 $u_1, \cdots, u_{i-1}, u_{i+1}, \cdots, u_n$ 的所有非负线性组合构成的凸锥，显然 $C_1, \cdots, C_n$ 是 $\mathbb{R}^n$ 的一个划分。不妨设 v 落在了 C_i 中，则

$$v = \sum_{j \neq i} \alpha_j u_j$$

从而

$$\langle v, u_i \rangle = -\frac{1}{n-1} \sum_{j \neq i} \alpha_j$$

另外，由于 $\dfrac{\sum\limits_{j \neq i} \alpha_j u_j}{\sum\limits_{j \neq i} \alpha_j}$ 是 $u_1, \cdots, u_{i-1}, u_{i+1}, \cdots, u_n$ 的凸组合，所以

$$\| v \| = \langle v, v \rangle^{\frac{1}{2}} \leqslant \sum_{j \neq i} \alpha_j$$

因此，有

$$\langle \boldsymbol{v}, \boldsymbol{u}_i \rangle = -\frac{1}{n-1}\sum_{j\neq i}\alpha_j \leqslant -\frac{1}{n-1}\langle \boldsymbol{v}, \boldsymbol{v} \rangle^{\frac{1}{2}}$$

从而引理 4.1 得证。 $\qquad\qquad\qquad\qquad\qquad\qquad\qquad\qquad\qquad\qquad\square$

定理 4.3 的证明：设 $\mathcal{H} \subseteq \binom{[n]}{k}$ 是相交集族且每个点的度都大于等于 $\binom{n-2}{k-2}$，我们将证明 $\mathcal{H}$ 是一个星型集族。令 G 是克内泽尔图 $\mathrm{KN}(n,k)$，$\boldsymbol{A}$ 是 G 的邻接矩阵，根据定理 4.2，$\boldsymbol{A}$ 的特征值

$$\lambda_j = (-1)^j \binom{n-k-j}{k-j}(j=0,\cdots,k)$$

对应的重数为 $\binom{n}{j} - \binom{n}{j-1}$。其中 λ_0 的特征空间 E_0 为由

$$\boldsymbol{v}_1 = \frac{1}{\sqrt{\binom{n}{k}}}(1,1\cdots,1)^{\mathrm{T}}$$

生成的一维空间。$\lambda_1 = -\binom{n-k-1}{k-1}$ 对应的特征空间 E_1 为由所有 n 个星型集族对应的指标向量生成的空间中与 $\boldsymbol{v}_1$ 正交的子空间构成。不妨设 $\boldsymbol{v}_2,\cdots,\boldsymbol{v}_n$ 构成了 E_1 的一组正交基。假设 $\boldsymbol{s}_i$ 是中心在 i 点的星型集族对应的指标向量。显然 $\boldsymbol{s}_i \in E_0 \oplus E_1$，我们假设

$$\boldsymbol{s}_1 = s_{11}\boldsymbol{v}_1 + s_{12}\boldsymbol{v}_2 + \cdots + s_{1n}\boldsymbol{v}_n$$

$$\boldsymbol{s}_2 = s_{21}\boldsymbol{v}_1 + s_{22}\boldsymbol{v}_2 + \cdots + s_{2n}\boldsymbol{v}_n$$

$$\vdots$$

$$\boldsymbol{s}_n = s_{n1}\boldsymbol{v}_1 + s_{n2}\boldsymbol{v}_2 + \cdots + s_{nn}\boldsymbol{v}_n$$

显然，$\boldsymbol{v}_1,\cdots,\boldsymbol{v}_n$ 可以扩充为 $\mathbb{R}^{\binom{n}{k}}$ 中的一组标准正交基，且 $\boldsymbol{v}_{\binom{n}{j-1}+1},\cdots,\boldsymbol{v}_{\binom{n}{j}}$ 为特征值 $\lambda_j = (-1)^j$ $\binom{n-k-j}{k-j}$ 对应的特征向量。

我们设 $\boldsymbol{h}$ 为集族 $\mathcal{H}$ 对应的指标向量

$$\boldsymbol{h} = \sum_{i=1}^{\binom{n}{k}} h_i \boldsymbol{v}_i$$

由于 $\mathcal{H}$ 是一个相交集族，那么有

$$0 = \boldsymbol{h}^{\mathrm{T}} \boldsymbol{A} \boldsymbol{h} = \sum_{i=1}^{k} \lambda_i \cdot \left(\sum_{j=\binom{n}{i-1}+1}^{\binom{n}{i}} h_j^2 \right)$$

$$= \binom{n-k}{k} h_1^2 - \binom{n-k-1}{k-1} \left(h_2^2 + \cdots + h_n^2 \right) + \sum_{i=2}^{k} \lambda_i \cdot \left(\sum_{j=\binom{n}{i-1}+1}^{\binom{n}{i}} h_j^2 \right)$$

注意到

$$h_1 = \langle \boldsymbol{h}, \boldsymbol{v}_1 \rangle = \frac{|\mathcal{H}|}{\sqrt{\binom{n}{k}}}, \langle \boldsymbol{h}, \boldsymbol{h} \rangle = |\mathcal{H}| = \sqrt{\binom{n}{k}} h_1$$

而且对于 $i \geqslant 2$，$\lambda_i = (-1)^i \binom{n-k-i}{k-i} \geqslant -\binom{n-k-3}{k-3}$，所以

$$0 \geqslant \binom{n-k}{k} h_1^2 - \binom{n-k-1}{k-1} \left(\sum_{j=2}^{n} h_j^2 \right) - \binom{n-k-3}{k-3} \left(\sqrt{\binom{n}{k}} h_1 - h_1^2 - \sum_{j=2}^{n} h_j^2 \right)$$

对于 $n \geqslant 2k+1$，因为 $(n-k-1)(n-k-2) \geqslant k(k-1) > k(k-2)$，所以

$$\binom{n-k-3}{k-3} = \frac{k(k-2)}{(n-k-1)(n-k-2)} \cdot \frac{k-1}{n-k} \binom{n-k}{k} < \frac{k-1}{n-k} \binom{n-k}{k}$$

因此

$$0 \geqslant \binom{n-k}{k} h_1^2 - \binom{n-k-1}{k-1} \left(\sum_{j=2}^{n} h_j^2 \right) - \frac{k-1}{n-k} \binom{n-k}{k} \left(\sqrt{\binom{n}{k}} h_1 - h_1^2 - \sum_{j=2}^{n} h_j^2 \right)$$

所以

$$\sum_{j=2}^{n} h_j^2 \geqslant (n-1) h_1^2 - (k-1) \sqrt{\binom{n}{k}} h_1 = \frac{n-1}{\binom{n}{k}} |\mathcal{H}| \left(|\mathcal{H}| - \frac{n}{k} \binom{n-2}{k-2} \right) \tag{4.2}$$

考虑 $\boldsymbol{u}_i = (s_{i2}, s_{i3}, \cdots, s_{in})$，$i = 1, \cdots, n$，有

$$\langle \boldsymbol{u}_i, \boldsymbol{u}_i \rangle = s_{i2}^2 + \cdots + s_{in}^2 = \sum_{j=1} s_{ij}^2 - s_{i1}^2 = \langle \boldsymbol{s}_i, \boldsymbol{s}_i \rangle - \langle \boldsymbol{s}_i, \boldsymbol{v}_1 \rangle^2$$

$$= \binom{n-1}{k-1} - \frac{\binom{n-1}{k-1}^2}{\binom{n}{k}} = \frac{(n-k)k}{n^2} \binom{n}{k}$$

对于 $i \neq j$，有

$$\langle \boldsymbol{u}_i, \boldsymbol{u}_j \rangle = \langle \boldsymbol{s}_i, \boldsymbol{s}_j \rangle - s_{i1}s_{j1} = \langle \boldsymbol{s}_i, \boldsymbol{s}_j \rangle - \langle \boldsymbol{s}_i, \boldsymbol{v}_1 \rangle \langle \boldsymbol{s}_j, \boldsymbol{v}_1 \rangle$$

$$= \binom{n-2}{k-2} - \frac{\binom{n-1}{k-1}^2}{\binom{n}{k}} = -\frac{k(n-k)}{n^2(n-1)}\binom{n}{k}$$

由引理 4.1，对于 $\boldsymbol{v} = (h_2, \cdots, h_n)$，我们可找到下标 i，使得

$$\sum_{j=2}^{n} h_j s_{ij} = \langle \boldsymbol{v}, \boldsymbol{u}_i \rangle \leqslant -\frac{1}{n-1}\langle \boldsymbol{u}_i, \boldsymbol{u}_i \rangle^{\frac{1}{2}} \langle \boldsymbol{v}, \boldsymbol{v} \rangle^{\frac{1}{2}}$$

$$= -\frac{1}{n-1}\left(\binom{n}{k} \cdot \frac{k(n-k)}{n^2}\right)^{\frac{1}{2}} \left(\sum_{j=2}^{n} h_j^2\right)^{\frac{1}{2}}$$

另外，有

$$|\mathcal{H}(i)| = \langle \boldsymbol{h}, \boldsymbol{s}_i \rangle = \sum_{j=1}^{n} h_j s_{ij} \geqslant \binom{n-2}{k-2}$$

而且 $s_{i1} = \dfrac{\binom{n-1}{k-1}}{\sqrt{\binom{n}{k}}}$，所以

$$h_1 s_{i1} = \frac{|\mathcal{H}|}{\sqrt{\binom{n}{k}}} \frac{\binom{n-1}{k-1}}{\sqrt{\binom{n}{k}}} = \frac{k}{n}|\mathcal{H}|$$

因此

$$\sum_{j=2}^{n} h_j s_{ij} \geqslant \binom{n-2}{k-2} - \frac{k}{n}|\mathcal{H}|$$

从而

$$\frac{k}{n}|\mathcal{H}| - \binom{n-2}{k-2} \geqslant \frac{1}{n-1}\left(\binom{n}{k} \cdot \frac{k(n-k)}{n^2}\right)^{\frac{1}{2}} \left(\sum_{j=2}^{n} h_j^2\right)^{\frac{1}{2}}$$

可以推出

$$\sum_{j=2}^{n} h_j^2 \leqslant \left(|\mathcal{H}| - \frac{n}{k}\binom{n-2}{k-2}\right)^2 \cdot \frac{(n-1)^2\,k}{(n-k)\binom{n}{k}} \tag{4.3}$$

将式（4.3）与式（4.2）联立，可以得到

$$\frac{n-1}{\binom{n}{k}}|\mathcal{H}|\left(|\mathcal{H}| - \frac{n}{k}\binom{n-2}{k-2}\right) \leqslant \left(|\mathcal{H}| - \frac{n}{k}\binom{n-2}{k-2}\right)^2 \cdot \frac{(n-1)^2\,k}{(n-k)\binom{n}{k}}$$

即

$$\left(|\mathcal{H}| - \frac{n}{k}\binom{n-2}{k-2}\right)\left(|\mathcal{H}| - \binom{n-1}{k-1}\right) \geqslant 0$$

因此，$|\mathcal{H}| \leqslant \dfrac{n}{k}\dbinom{n-2}{k-2}$ 或者 $|\mathcal{H}| \geqslant \dbinom{n-1}{k-1}$。对于前一种情况，根据最小度条件有 $|\mathcal{H}| = \dfrac{n}{k}\dbinom{n-2}{k-2}$，从而由式（4.3）可得 $\sum\limits_{j=2}^{n} h_j^2 = 0$。所以式（4.2）中等号成立，从而

$$\sqrt{\binom{n}{k}}\,h_1 - h_1^2 - \sum_{j=2}^{n} h_j^2 = 0$$

解得 $h_1 = \sqrt{\dbinom{n}{k}}$，得到 $|\mathcal{H}| = \sqrt{\dbinom{n}{k}}\,h_1 = \dbinom{n}{k}$，矛盾。

所以对于 $n \geqslant 2k+1$，$|\mathcal{H}| \geqslant \dbinom{n-1}{k-1}$。由于满星型集族是唯一达到极值的例子，因此 $\mathcal{H}$ 必然是一个星型集族，从而定理 4.3 得证。　　　　　　　　　　　　　　　　□

4.3　精确 t-相交埃尔德什-柯-拉多定理的威尔逊证明

在本节中，我们将分析理查德·威尔逊给出的精确t-相交埃尔德什-柯-拉多定理的证明。

> **定理 4.4（精确 t-相交埃尔德什-柯-拉多定理[26,27]）**　设 $n \geqslant (t+1)(k-t+1)$，若 $\mathcal{F} \subseteq \dbinom{[n]}{k}$ 是一个 t-相交集族，则有
>
> $$|\mathcal{F}| \leqslant \binom{n-t}{k-t} \tag{4.4}$$
>
> 特别地，若 $n > (t+1)(k-t+1)$，当且仅当 $\mathcal{F}$ 是满 t 星型集族时等号成立。

事实 4.1 令 A 是对称的 $\binom{n}{k} \times \binom{n}{k}$ 矩阵，其每一行和每一列都由一个 k 元集合索引。如果 $\mathcal{F} \subseteq \binom{[n]}{k}$ 是一个 t-相交集族，并且 A 满足下面两个条件，则有 $|\mathcal{F}| \leqslant c$。

（1）当 $|S_1 \cap S_2| \geqslant t$ 时，矩阵 A 的第 S_1 行第 S_2 列的元素为 0。

（2）$\binom{n}{k} \times \binom{n}{k}$ 矩阵 $M = I + A - c^{-1}J$ 是半正定矩阵，其中 I 是单位矩阵，J 是所有元素为 1 的矩阵。

证明： 设 $\boldsymbol{\varphi}$ 是一个长度为 $\binom{n}{k}$ 的向量，其坐标分量由 k 元集合索引，并且如果 $S \in \mathcal{F}$，则 $\boldsymbol{\varphi}(S) = 1$，否则 $\boldsymbol{\varphi}(S) = 0$。根据条件（1），易知 $\boldsymbol{\varphi}^{\mathrm{T}} A \boldsymbol{\varphi} = 0$。由于 M 是半正定矩阵，所以

$$0 \leqslant \boldsymbol{\varphi}^{\mathrm{T}} M \boldsymbol{\varphi} = \boldsymbol{\varphi}^{\mathrm{T}} \boldsymbol{\varphi} - c^{-1} \boldsymbol{\varphi}^{\mathrm{T}} J \boldsymbol{\varphi} = |\mathcal{F}| - c^{-1} |\mathcal{F}|^2$$

从而 $|\mathcal{F}| \leqslant c$。 $\qquad\square$

定理 4.4 的证明： 令 $c = \binom{n-t}{k-t}$，以及

$$A = \sum_{i=0}^{t-1} (-1)^{t-1-i} \binom{k-1-i}{k-t} \binom{n-k-t+i}{k-t}^{-1} B_{k-i} \tag{4.5}$$

其中

$$B_j = \overline{W}_{jk}^{\mathrm{T}} W_{jk}$$

其中 W_{jk} 为一个 $\binom{n}{j} \times \binom{n}{k}$ 矩阵，其行由 $[n]$ 的 j 元子集索引，其列由 $[n]$ 的 k 元子集索引，并且如果 $Y \subseteq S$，则第 Y 行第 S 列的元素为 1，否则为 0，即 W_{jk} 中的 Y 对应的行向量是集族 $\mathcal{S}_Y = \left\{ F \in \binom{[n]}{k} : Y \subseteq F \right\}$ 对应的特征向量。相应地，$\overline{W}_{jk}$ 为一个 $\binom{n}{j} \times \binom{n}{k}$ 矩阵，其行由 $[n]$ 的 j 元子集索引，其列由 $[n]$ 的 k 元子集索引，并且如果 $Y \cap S = \varnothing$，则第 Y 行第 S 列的元素为 1，否则为 0。（因此 W_{0k} 和 $\overline{W}_{0k}$ 都是长度为 $\binom{n}{k}$ 的全 1 行向量；W_{kk} 是阶数为 $\binom{n}{k}$ 的单位矩阵。）

$\overline{W}_{jk}^{\mathrm{T}} W_{jk}$ 的第 S_1 行第 S_2 列元素的值是满足条件 $Y \cap S_1 = \varnothing$ 和 $Y \subseteq S_2$ 的 $[n]$ 的 j 元子集 Y

的数量。当 $\left|S_1 \bigcap S_2\right| = \mu$ 时，这个数量为 $\binom{k-\mu}{j}$，特别地当 $j > k - \mu$ 时，这个数量为 0。因此，$\boldsymbol{A}$ 满足事实 4.1 中的条件（1）。此外，由于 $\boldsymbol{B}_{k-i}$ 是对称矩阵，故 $\boldsymbol{A}$ 也是对称矩阵。

> **引理 4.2**　令 U_i 表示矩阵 $\boldsymbol{W}_{ik}$ 的行空间，其中 $i = 0,1,\cdots,k$，则
> $$U_0 \subseteq U_1 \subseteq \cdots \subseteq U_k \tag{4.6}$$

显然，U_k 是整个向量空间 E 中，由 $[n]$ 的 k 元子集索引的 $\binom{n}{k}$ 元组构成的，我们为其配备标准内积并将其视为欧几里得空间。令 $V_0 = U_0$，当 $i > 0$ 时，令 V_i 是 U_{i-1} 在 U_i 中的正交补，使得 $U_i = V_i \oplus U_{i-1}$。于是，可得到一个正交分解

$$E = V_0 \oplus V_1 \oplus \cdots \oplus V_k$$

> **引理 4.3**　令 $0 \leqslant e \leqslant f \leqslant k$，则 V_e 中的所有向量均为 $\boldsymbol{B}_f$ 的特征向量，并且对应的特征值为 $(-1)^e \binom{k-e}{f-e}\binom{n-f-e}{k-e}$。

从引理 4.3 可以看出，式（4.5）中的矩阵 $\boldsymbol{A}$ 以 V_e 中的向量作为特征向量，对应的特征值

$$\theta_e = (-1)^{t-1-e} \sum_{i=0}^{t-1} (-1)^i \binom{k-1-i}{k-t}\binom{k-e}{i}\binom{n-k-e+i}{k-e}\binom{n-k-t+i}{k-t}^{-1} \tag{4.7}$$

其中 $e = 0,1,\cdots,k$。

> **引理 4.4**　设 $\theta_0,\theta_1,\cdots,\theta_k$ 由式（4.7）给出，其中 $1 \leqslant t \leqslant k, n \geqslant 2k$，则
> （1）$\theta_0 = \binom{n}{k}\binom{n-t}{k-t}^{-1} - 1$；
> （2）$\theta_1 = \theta_2 = \cdots = \theta_t = -1$；
> （3）假设 $n \geqslant (t+1)(k-t+1)$，则对于所有的 $i = 1,2,\cdots,k$，有 $\theta_i \geqslant -1$。

实际上，除了 $t = 1, n = 2k$ 和 $t+2 \leqslant k, n = (t+1)(k-t+1)$ 这两种特例外（后者可得到 $\theta_{t+2} = -1$），对于所有的 $i = t+1, t+2, \cdots, k$，有 $\theta_i > -1$。

注意到矩阵 $\boldsymbol{J}$ 有对应于 V_0 中向量（即常向量）的特征值 $\binom{n}{k}$，以及对应于

$V_0^{\perp}=V_1\oplus\cdots\oplus V_k$ 中向量的特征值 0。因此，$\boldsymbol{M}=\boldsymbol{I}+\boldsymbol{A}-\dbinom{n-t}{k-t}^{-1}\boldsymbol{J}$ 是半正定的，定理 4.4 得证。 $\square$

下面我们给出引理 4.2 和引理 4.3 的证明。证明引理 4.2 需要下面这个命题。

命题 4.1

$$\boldsymbol{W}_{if}\boldsymbol{W}_{fk}=\binom{k-i}{f-i}\boldsymbol{W}_{ik}, i\leqslant f\leqslant k \tag{4.8}$$

$$\boldsymbol{W}_{ie}\overline{\boldsymbol{W}}_{ef}=\binom{n-f-i}{e-i}\overline{\boldsymbol{W}}_{if}, i\leqslant e \tag{4.9}$$

$$\overline{\boldsymbol{W}}_{ef}=\sum_{i=0}^{\min\{e,f\}}(-1)^i\boldsymbol{W}_{ie}^{\mathrm{T}}\boldsymbol{W}_{if} \tag{4.10}$$

$$\boldsymbol{W}_{ef}=\sum_{i=0}^{e}(-1)^i\boldsymbol{W}_{ie}^{\mathrm{T}}\overline{\boldsymbol{W}}_{if}, e\leqslant f \tag{4.11}$$

证明： 令 $I\in\dbinom{[n]}{i}$，$K\in\dbinom{[n]}{k}$。若 $I\subseteq K$，则有

$$\boldsymbol{W}_{if}\boldsymbol{W}_{fk}\left(I,K\right)=\sum_{F\in\binom{[n]}{f}}\boldsymbol{W}_{if}\left(I,F\right)\boldsymbol{W}_{fk}\left(F,K\right)=\sum_{I\subseteq F\subseteq K}1=\binom{k-i}{f-i}$$

若 $I\nsubseteq K$，则有 $\boldsymbol{W}_{if}\boldsymbol{W}_{fk}\left(I,K\right)=0$。故式（4.8）成立。

令 $I\in\dbinom{[n]}{i}$，$F\in\dbinom{[n]}{f}$。若 $I\bigcap F=\varnothing$，则有

$$\boldsymbol{W}_{ie}\overline{\boldsymbol{W}}_{ef}\left(I,F\right)=\sum_{E\in\binom{[n]}{e}}\boldsymbol{W}_{ie}\left(I,E\right)\overline{\boldsymbol{W}}_{ef}\left(E,F\right)=\sum_{I\subseteq E\subseteq\overline{F}=\varnothing}1=\binom{n-f-i}{e-i}$$

若 $I\bigcap F\neq\varnothing$，则有 $\boldsymbol{W}_{ie}\overline{\boldsymbol{W}}_{ef}\left(I,F\right)=0$。故式（4.9）成立。

若 $E\bigcap F=\varnothing$，则有

$$\sum_{i=0}^{\min\{e,f\}}(-1)^i\boldsymbol{W}_{ie}^{\mathrm{T}}\boldsymbol{W}_{if}\left(E,F\right)=\sum_{i=0}^{\min\{e,f\}}(-1)^i\sum_{I\in\binom{[n]}{i}}\boldsymbol{W}_{ie}\left(I,E\right)\boldsymbol{W}_{if}\left(I,F\right)$$

$$=\sum_{I\in\binom{[n]}{0}}\boldsymbol{W}_{0e}\left(I,E\right)\boldsymbol{W}_{0f}\left(I,F\right)=1$$

若 $E \cap F \neq \varnothing$，记 $s = |E \cap F|$，则有

$$\sum_{i=0}^{\min\{e,f\}} (-1)^i \boldsymbol{W}_{ie}^{\mathrm{T}} \boldsymbol{W}_{if} (E,F) = \sum_{i=0}^{\min\{e,f\}} (-1)^i \sum_{I \in \binom{[n]}{i}} \boldsymbol{W}_{ie}(I,E)\boldsymbol{W}_{if}(I,F)$$

$$= \sum_{i=0}^{s} (-1)^i \sum_{I \in \binom{[n]}{i}} \boldsymbol{W}_{ie}(I,E)\boldsymbol{W}_{if}(I,F)$$

$$= \sum_{i=0}^{s} (-1)^i \binom{s}{i} = 0$$

故式（4.10）成立。

对于任意的 $E \subseteq F$，有

$$\sum_{i=0}^{e} (-1)^i \boldsymbol{W}_{ie}^{\mathrm{T}} \overline{\boldsymbol{W}}_{if} (E,F) = \sum_{i=0}^{e} (-1)^i \sum_{I \in \binom{[n]}{i}} \boldsymbol{W}_{ie}(I,E)\overline{\boldsymbol{W}}_{if}(I,F)$$

$$= \sum_{I \in \binom{[n]}{0}} \boldsymbol{W}_{0e}(I,E)\overline{\boldsymbol{W}}_{0f}(I,F) = 1$$

若 $E \nsubseteq F$，记 $s = |E \cap \overline{F}|$，则有

$$\sum_{i=0}^{e} (-1)^i \boldsymbol{W}_{ie}^{\mathrm{T}} \overline{\boldsymbol{W}}_{if} (E,F) = \sum_{i=0}^{e} (-1)^i \sum_{I \in \binom{[n]}{i}} \boldsymbol{W}_{ie}(I,E)\overline{\boldsymbol{W}}_{if}(I,F)$$

$$= \sum_{i=0}^{s} (-1)^i \sum_{I \subseteq E \cap \overline{F}} 1$$

$$= \sum_{i=0}^{s} (-1)^i \binom{s}{i} = 0$$

故式（4.11）成立。　□

引理 4.2 的证明： 利用命题 4.1，有

$$\boldsymbol{W}_{ij}\boldsymbol{W}_{jk} = \binom{k-i}{j-i}\boldsymbol{W}_{ik}, i \leqslant j \leqslant k$$

即 $\boldsymbol{W}_{ik}$ 的每一个行向量都可以由 $\boldsymbol{W}_{jk}$ 的行向量组线性表示，故而 $U_i \subseteq U_j$。　□

我们先证明两个引理，再完成引理 4.3 的证明。

引理 4.5　当 $0 \leqslant e,f \leqslant k$ 时，有

$$\boldsymbol{B}_e\boldsymbol{B}_f = \sum_{i=0}^{\min\{e,f\}} (-1)^i \binom{k-i}{f-i}\binom{n-f-e}{k-e}\binom{n-k-i}{e-i}\boldsymbol{B}_i \quad (4.12)$$

证明：注意到 $\overline{\boldsymbol{W}}_{fk}^{\mathrm{T}} = \overline{\boldsymbol{W}}_{kf}$，则

$$\boldsymbol{B}_e \boldsymbol{B}_f = \left(\overline{\boldsymbol{W}}_{ek}^{\mathrm{T}} \boldsymbol{W}_{ek} \right) \left(\overline{\boldsymbol{W}}_{fk}^{\mathrm{T}} \boldsymbol{W}_{fk} \right)$$

$$= \overline{\boldsymbol{W}}_{ek}^{\mathrm{T}} \left(\boldsymbol{W}_{ek} \overline{\boldsymbol{W}}_{kf} \boldsymbol{W}_{fk} \right)$$

$$\overset{\text{式 (4.9)}}{=} \binom{n-f-e}{k-e} \overline{\boldsymbol{W}}_{ek}^{\mathrm{T}} \overline{\boldsymbol{W}}_{ef} \boldsymbol{W}_{fk}$$

$$\overset{\text{式 (4.10)}}{=} \binom{n-f-e}{k-e} \overline{\boldsymbol{W}}_{ek}^{\mathrm{T}} \left(\sum_{i=0}^{\min\{e,f\}} (-1)^i \boldsymbol{W}_{ie}^{\mathrm{T}} \boldsymbol{W}_{if} \right) \boldsymbol{W}_{fk}$$

$$\overset{\text{式 (4.8)}}{=} \binom{n-f-e}{k-e} \overline{\boldsymbol{W}}_{ek}^{\mathrm{T}} \left(\sum_{i=0}^{\min\{e,f\}} (-1)^i \binom{k-i}{f-i} \boldsymbol{W}_{ie}^{\mathrm{T}} \boldsymbol{W}_{ik} \right)$$

$$= \sum_{i=0}^{\min\{e,f\}} (-1)^i \binom{k-i}{f-i} \binom{n-f-e}{k-e} \left(\boldsymbol{W}_{ie} \overline{\boldsymbol{W}}_{ek} \right)^{\mathrm{T}} \boldsymbol{W}_{ik}$$

$$\overset{\text{式 (4.9)}}{=} \sum_{i=0}^{\min\{e,f\}} (-1)^i \binom{k-i}{f-i} \binom{n-f-e}{k-e} \binom{n-k-i}{e-i} \overline{\boldsymbol{W}}_{ik}^{\mathrm{T}} \boldsymbol{W}_{ik}$$

$$= \sum_{i=0}^{\min\{e,f\}} (-1)^i \binom{k-i}{f-i} \binom{n-f-e}{k-e} \binom{n-k-i}{e-i} \boldsymbol{B}_i$$

因此，式（4.12）成立。 □

根据式（4.12），可以推断出 $\boldsymbol{B}_e \boldsymbol{B}_f$ 是一个对称矩阵。因此

$$\boldsymbol{B}_e \boldsymbol{B}_f = \left(\boldsymbol{B}_e \boldsymbol{B}_f \right)^{\mathrm{T}} = \boldsymbol{B}_f^{\mathrm{T}} \boldsymbol{B}_e^{\mathrm{T}} = \boldsymbol{B}_f \boldsymbol{B}_e$$

引理 4.6 当 $n \geq k+e, e \leq k$ 时，有

$$\mathrm{rank}\left(\boldsymbol{B}_e \right) = \mathrm{rank}\left(\boldsymbol{W}_{ek} \right) = \binom{n}{e}$$

证明：考虑式（4.11）中 $f=e$ 的情况，有

$$\boldsymbol{I} = \boldsymbol{W}_{ee} = \sum_{i=0}^{e} (-1)^i \boldsymbol{W}_{ie}^{\mathrm{T}} \overline{\boldsymbol{W}}_{ie}$$

根据式（4.9），有

$$\boldsymbol{W}_{ik} \overline{\boldsymbol{W}}_{ke} = \binom{n-e-i}{k-i} \overline{\boldsymbol{W}}_{ie} \tag{4.13}$$

从而

$$I = W_{ee} = \left(\sum_{i=0}^{e} (-1)^i \binom{n-e-i}{k-i}^{-1} W_{ie}^{\mathrm{T}} W_{ik} \right) \overline{W}_{ke} = D\overline{W}_{ek}^{\mathrm{T}}$$

再根据式（4.9）的转置版本

$$\overline{W}_{ik} W_{ek}^{\mathrm{T}} = \binom{n-e-i}{k-e} \overline{W}_{ei}^{\mathrm{T}} = \binom{n-e-i}{k-e} \overline{W}_{ie}$$

有

$$I = W_{ee} = \sum_{i=0}^{e} (-1)^i W_{ie}^{\mathrm{T}} \overline{W}_{ie} = \left(\sum_{i=0}^{e} (-1)^i \binom{n-e-i}{k-e}^{-1} W_{ie}^{\mathrm{T}} \overline{W}_{ik} \right) W_{ek}^{\mathrm{T}} = CW_{ek}^{\mathrm{T}}$$

这表明

$$D B_e C^{\mathrm{T}} = \left(D\overline{W}_{ek}^{\mathrm{T}} \right) \left(CW_{ek}^{\mathrm{T}} \right)^{\mathrm{T}} = I$$

由于 $I = CW_{ek}^{\mathrm{T}}$，W_{ek} 的列空间维数为 $\binom{n}{e}$，这表明 $\mathrm{rank}\left(W_{ek}\right) = \binom{n}{e}$。因此

$$\mathrm{rank}\left(B_e\right) = \mathrm{rank}\left(W_{ek}\right) = \binom{n}{e} \qquad \square$$

　　引理 4.3 的证明： 设 $x \in V_e$ 是一个行向量。由于 $x \in U_e$ 在 W_{ek} 的行空间中，根据 $B_e = \overline{W}_{ek}^{\mathrm{T}} W_{ek}$，可以推出 x 也在 B_e 的行空间中。因此，存在 $y \in \mathbb{R}^{\binom{n}{e}}$，使得 $x = yB_e$。但由于对于每个 $i < e$ 都有 $x \in U_i^{\perp}$，所以 $xB_i = 0$。因此 $0 = \left(yB_e\right)B_i = \left(yB_i\right)B_e$。由此可得，对于每个 $i < e$ 都有 $yB_i \in U_e^{\perp}$。显然也有 $yB_i \in U_i$，从而 $yB_i = 0$ 对于任意的 $i < e$ 成立。所以对于任意的 $f \geqslant e$，有

$$xB_f = yB_e B_f \stackrel{\text{式 (4.12)}}{=} \binom{n-e-f}{k-e} \sum_{i=0}^{\min\{e,f\}} (-1)^i \binom{n-k-i}{e-i} \binom{k-i}{f-i} yB_i$$

$$= \binom{n-e-f}{k-e} (-1)^e \binom{k-e}{f-e} yB_e$$

$$= (-1)^e \binom{n-f-e}{k-e} \binom{k-e}{f-e} x$$

因此，每个 $x \in V_e$ 都是 $B_f (f \geqslant e)$ 的特征向量，相应的特征值为 $(-1)^e \binom{k-e}{f-e} \binom{n-f-e}{k-e}$。$\square$

下面我们完成引理 4.4 的证明。需要引入几个定义和引理辅助证明。回顾式（4.7），即

$$\theta_e = (-1)^{t-1-e} \sum_{i=0}^{t-1} (-1)^i \binom{k-1-i}{k-t}\binom{k-e}{i}\binom{n-k-e+i}{k-e}\binom{n-k-t+i}{k-t}^{-1} \qquad (4.14)$$

其中 $e = 0,1,\cdots,k$ 。

定义

$$\gamma_s(x,y;a,b) = \sum_{i=0}^{s}(-1)^i\binom{s}{i}\binom{x-i}{a}\binom{y+i}{b} \qquad (4.15)$$

$$\delta_s(x,y;a,b) = \sum_{i=0}^{s}(-1)^i\binom{s}{i}\binom{x-i}{a}\binom{y+i}{b}^{-1} \qquad (4.16)$$

引理 4.7　当 $1 \le e \le t$ 时，有

$$\theta_e = (-1)^{t-1-e}\binom{t-1}{e-1}^{-1}\gamma_{t-1}(k-1,n-k-e;e-1,t-e) \qquad (4.17)$$

当 $e \ge t$ 时，有

$$\theta_e = (-1)^{t-1-e}\binom{e-1}{t-1}\delta_{t-1}(k-1,n-k-t;e-1,e-t) \qquad (4.18)$$

证明： 注意到

$$\binom{t-1}{e-1}^{-1}\gamma_{t-1}(k-1,n-k-e;e-1,t-e)$$

$$= \sum_{i=0}^{t-1}(-1)^i\binom{t-1}{i}\binom{k-1-i}{e-1}\binom{t-1}{e-1}^{-1}\binom{n-k-e+i}{t-e}$$

当 $e \le t$ 时，有

$$\binom{n-k-e+i}{t-e}\binom{n-k-t+i}{k-t} = \binom{n-k-e+i}{k-e}\binom{k-e}{t-e}$$

由此可得式（4.14）中的求和项

$$\binom{k-1-i}{k-t}\binom{k-e}{i}\binom{n-k-e+i}{k-e}\binom{n-k-t+i}{k-t}^{-1}$$

$$= \binom{k-1-i}{k-t}\binom{k-e}{i}\binom{k-e}{t-e}^{-1}\binom{n-k-e+i}{t-e}$$

要证明式（4.17），只需证明

$$\binom{t-1}{i}\binom{k-1-i}{e-1}\binom{k-e}{t-e} = \binom{k-1-i}{k-t}\binom{k-e}{i}\binom{t-1}{e-1}$$

而这很容易验证。类似地可以证明式（4.18）也成立。　　　　　　　□

引理 4.8

$$\gamma_s(x,y;a,b) = \sum_{i=0}^{s}(-1)^i\binom{s}{i}\binom{x-s}{a-s+i}\binom{y}{b-i} \tag{4.19}$$

$$\delta_s(x,y;a,b) = \sum_{i=0}^{s}\frac{b}{b+i}\binom{s}{i}\binom{x-s}{a-s+i}\binom{y+i}{b+i}^{-1} \tag{4.20}$$

证明： 由于

$$\gamma_s(x,y;a,b) = \sum_{i=0}^{s}(-1)^i\binom{s}{i}\binom{x-i}{a}\binom{y+i}{b}$$

$$= \sum_{i=0}^{s}(-1)^i\binom{s-1}{i}\binom{x-i}{a}\binom{y+i}{b} + \sum_{i=0}^{s}(-1)^i\binom{s-1}{i-1}\binom{x-i}{a}\binom{y+i}{b}$$

$$= \sum_{i=0}^{s}(-1)^i\binom{s-1}{i}\binom{x-i}{a}\binom{y+i}{b} - \sum_{i=0}^{s-1}(-1)^i\binom{s-1}{i}\binom{x-1-i}{a}\binom{y+1+i}{b}$$

$$= \gamma_{s-1}(x,y;a,b) - \gamma_{s-1}(x-1,y+1;a,b)$$

$$= \big(\gamma_{s-1}(x,y;a,b) - \gamma_{s-1}(x-1,y;a,b)\big) -$$

$$\big(\gamma_{s-1}(x-1,y+1;a,b) - \gamma_{s-1}(x-1,y;a,b)\big)$$

$$= \gamma_{s-1}(x-1,y;a-1,b) - \gamma_{s-1}(x-1,y;a,b-1)$$

重复应用这一递推关系，可以得出

$$\gamma_s(x,y;a,b) = \gamma_{s-1}(x-1,y;a-1,b) - \gamma_{s-1}(x-1,y;a,b-1)$$

$$= \gamma_{s-2}(x-2,y;a-2,b) - 2\gamma_{s-2}(x-2,y;a-1,b-1) + \gamma_{s-2}(x-2,y;a,b-2)$$

$$\vdots$$

$$= \sum_{i=0}^{s} (-1)^i \binom{s}{i} \gamma_0 \left(x-s, y; a-s+i, b-i \right)$$

$$= \sum_{i=0}^{s} (-1)^i \binom{s}{i} \binom{x-s}{a-s+i} \binom{y}{b-i}$$

这就证明了式（4.19）。根据类似的推导可以证明式（4.20）。 □

引理 4.4 的证明：根据式（4.17）和式（4.19）可以得出 $\theta_1 = \theta_2 = \cdots = \theta_t = -1$，从而 $I + A - (1+\theta_0) \binom{n}{k}^{-1} J$ 的前 t 个特征值均为 0，即将 $U_t = V_0 \oplus V_1 \oplus \cdots \oplus V_t$ 中的所有向量零化。令 φ_0 为矩阵 W_{tk} 中的一行，则有

$$0 = \varphi_0 \left(I + A - (1+\theta_0) \binom{n}{k}^{-1} J \right) \varphi_0^{\mathrm{T}}$$

$$= \binom{n-t}{k-t} - (1+\theta_0) \binom{n}{k}^{-1} \binom{n-t}{k-t}^2$$

所以 $\theta_0 = \binom{n}{k} \binom{n-t}{k-t}^{-1} - 1$。

根据式（4.20）可知 $\delta_s(x,y;a,b)$ 总是非负的，所以由式（4.18）可以推出 $\theta_{t+1} \geq 0$。故我们只需证明 $\theta_e \geq -1$ 对于所有的 $e = t+2, t+3, \cdots, k$ 成立。

由式（4.18）可以看出，当 $s \leq a \leq x$，$0 < b \leq y$ 时 $\delta_s(x,y;a,b) > \delta_s(x,y+1;a,b)$。因此，对于固定的 k, t, e（$e > t$），$|\theta_e|$ 随着 n 的增大严格单调递减。故在证明 $\theta_e \geq -1$（$e \geq t+2$）时，我们总是可以假设 $n = (t+1)(k-t+1)$。

断言：当 $n = (t+1)(k-t+1)$ 时，$\theta_{t+2} = -1$。

断言的证明：考虑集族

$$\mathcal{A}_1 = \left\{ F \in \binom{[n]}{k} : \left| F \cap [t+2] \right| \geq t+1 \right\}$$

当 $n = (t+1)(k-t+1)$ 时，容易验证 $|\mathcal{A}_1| = \binom{n-t}{k-t}$。令 φ_1 为 $\mathcal{A}_1$ 的特征向量。注意到 φ_1 可以被看作由 $W_{(t+1)k}$ 的 $t+2$ 个行向量的和减去 $t+1$ 倍的 $W_{(t+2)k}$ 中集合 $[t+2]$ 对应的行向量（或者 $\mathcal{S}_{[t+2]}$ 的特征向量）得到，所以 $\varphi_1 \in U_{t+2}$。我们断言 $\varphi_1 \notin U_{t+1}$，否则 $\mathcal{S}_{[t+2]}$ 的特征向量将可以由 $W_{(t+1)k}$ 中的行向量线性表示，这与 $\dim U_{t+2} > \dim U_{t+1}$ 矛盾。所以 $\varphi_1 \notin U_{t+1}$。

令 $\varphi_1 = \psi_1 + \psi_2 + \cdots + \psi_{t+2}$，$\psi_i \in V_i$。由 $\varphi_1 \notin U_{t+1}$ 可以推出 $\psi_{t+2} \neq 0$。断言 $\psi_{t+1} = 0$。根据

引理 4.3，有

$$\varphi_1 \boldsymbol{B}_{t+1} = (-1)^{t+1}\binom{n-2t-2}{k-t-1}\boldsymbol{\psi}_{t+1} + (-1)^{t}\binom{k-t}{1}\binom{n-2t-1}{k-t}\boldsymbol{\psi}_t + \cdots$$

注意到对于 $f \le e \le h$ ，有

$$\boldsymbol{W}_{ek}\boldsymbol{B}_f = \binom{n-e-f}{k-e}\sum_{i=0}^{f}(-1)^i\binom{k-i}{f-i}\boldsymbol{W}_{ie}^{\mathrm{T}}\boldsymbol{W}_{ik}$$

$$\boldsymbol{W}_{eh}^{\mathrm{T}}\boldsymbol{W}_{ek}\boldsymbol{B}_f = \binom{n-e-f}{k-e}\sum_{i=0}^{f}(-1)^i\binom{k-i}{f-i}\binom{h-i}{e-i}\boldsymbol{W}_{ih}^{\mathrm{T}}\boldsymbol{W}_{ik}$$

由于 φ_1 是矩阵 $\boldsymbol{F}$ 的一个行向量，其中

$$\boldsymbol{F} = \boldsymbol{W}_{t+1,t+2}^{\mathrm{T}}\boldsymbol{W}_{t+1,k} - (t+1)\boldsymbol{W}_{t+2,k}$$

从而

$$\boldsymbol{F}\boldsymbol{B}_{t+1} = \binom{n-2t-2}{k-t-1}\sum_{i=0}^{t+1}(-1)^i\binom{k-i}{t+1-i}\binom{t+2-i}{t+1-i}\boldsymbol{W}_{i,t+2}^{\mathrm{T}}\boldsymbol{W}_{ik} -$$

$$\binom{n-2t-3}{k-t-2}\sum_{i=0}^{t+1}(-1)^i\binom{k-i}{t+1-i}\boldsymbol{W}_{i,t+2}^{\mathrm{T}}\boldsymbol{W}_{ik}$$

当 $n = (t+1)(k-t+1)$ 时， $\boldsymbol{W}_{t+1,t+2}^{\mathrm{T}}\boldsymbol{W}_{t+1,k}$ 变为 0 ，所以 φ_1 在 V_{t+1} 中的投影为 0 ，即 $\boldsymbol{\psi}_{t+1}=0$ 。

此时，有

$$\varphi_1^{\mathrm{T}}\boldsymbol{M}\varphi_1 = (1+\theta_{t+2})\boldsymbol{\psi}_{t+2}^2$$

由于 $|\mathcal{A}_1| = \binom{n-t}{k-t}$ ，根据事实 4.1 的证明可以得到 $\varphi_1^{\mathrm{T}}\boldsymbol{M}\varphi_1 = 0$ ，所以 $\theta_{t+2} = -1$ 。　□

下面我们证明 $\theta_e \ge -1$ （ $e \ge t+3$ ）。根据式（4.18）和式（4.20），有

$$\theta_{t+j} = (-1)^{j+1}\binom{t-1+j}{j}\delta_{t-1}(k-1,n-k-t;t+j-1,j)$$

$$= (-1)^{j+1}\binom{t-1+j}{j}\sum_{i=0}^{t-1}\frac{j}{i+j}\binom{t-1}{i}\binom{k-t}{j+i}\binom{n-k-t+i}{j+i}^{-1}$$

令

$$\alpha_{j,i} = \frac{j}{i+j}\binom{t-1+j}{j}\binom{t-1}{i}\binom{k-t}{j+i}\binom{n-k-t+i}{j+i}^{-1}$$

则

$$\left|\theta_{t+j}\right| = \sum_{i=0}^{t-1} \alpha_{j,i}$$

注意到 $j \geqslant 2, t \geqslant 2$，由 $n = (t+1)(k-t+1)$ 可以推出 $n - j - k - t > t(k-j-t)$，从而

$$\frac{\alpha_{j+1,i}}{\alpha_{j,i}} = \frac{(i+j)(j+t)(k-i-j-t)}{j(i+j+1)(n-j-k-t)} < \frac{j+t}{jt} \leqslant 1$$

所以 $\left|\theta_{t+j}\right| < \left|\theta_{t+2}\right| = 1$，从而 $\theta_{t+j} > -1$ 对于任意的 $j \geqslant 2$ 成立。这就完成了引理 4.4 的证明。∎

4.4 埃尔德什-柯-拉多定理的多项式方法证明

令 $\mathcal{F} = \{F_1, F_2, \cdots, F_m\} \subseteq 2^{[n]}$，$L = \{\ell_1, \ell_2, \cdots, \ell_s\}$，其中 $0 \leqslant \ell_1 < \ell_2 < \cdots < \ell_s < k$ 为非负整数。如果对于任意的 $F_i, F_j \in \mathcal{F}$ 都满足 $|F_i \bigcap F_j| \in L$，则称 $\mathcal{F}$ 为一个 **L-相交集族**。

定义**实多项式空间** $\mathbb{R}^{\leqslant s}[x_1, \cdots, x_n]$ 为由一组基

$$1, x_1, \cdots, x_n, x_1 x_2, \cdots, x_1 x_n, \cdots, x_1 x_2 \cdots x_s, \cdots, x_{n-s+1} x_{n-s+2} \cdots x_n$$

生成的实线性空间。

1981 年，彼得·弗兰克尔和理查德·威尔逊应用多项式方法证明了一个著名的定理。

> **定理 4.5**[46] 令 $\mathcal{F} \subseteq 2^{[n]}$ 是一个 L-相交集族，$|L| = s$，那么
> $$|\mathcal{F}| \leqslant \binom{n}{0} + \binom{n}{1} + \cdots + \binom{n}{s}$$

证明：设 $\mathcal{F} = \{F_1, F_2, \cdots, F_m\} \subseteq 2^{[n]}$ 为一个 L-相交集族。对于任意 $F \in \mathcal{F}$，令 $\boldsymbol{F}$ 为集合 F 的特征向量，定义

$$\boldsymbol{F} = (f_1, f_2, \cdots, f_n)$$

其中，若 $i \in F$，则 $f_i = 1$；否则 $f_i = 0$。那么 $\langle \boldsymbol{X}, \boldsymbol{F} \rangle = |X \bigcap F|$。

对于任意 $F \in \mathcal{F}$，定义一个多项式

$$f_F(\boldsymbol{x}) = \prod_{j:\ell_j < |F|} (\langle \boldsymbol{x}, \boldsymbol{F} \rangle - \ell_j) = \prod_{j:\ell_j < |F|} \left(\sum_{i \in F} x_i - \ell_j \right)$$

容易验证，当 $i = j$ 时，$f_{F_i}(\boldsymbol{F}_i) \neq 0$；当 $i \neq j$ 时，$f_{F_i}(\boldsymbol{F}_j) = 0$。

断言：$f_{F_1}, f_{F_2}, \cdots, f_{F_m}$ 线性无关。

断言的证明：令 $\alpha_1 f_{F_1} + \alpha_2 f_{F_2} + \cdots + \alpha_m f_{F_m} = 0$，不妨设 i 为使得 $\alpha_i \neq 0$ 的最小整数。那么

$$\alpha_i f_{F_i}(\boldsymbol{F}_i) + \alpha_{i+1} f_{F_{i+1}}(\boldsymbol{F}_i) + \cdots + \alpha_m f_{F_m}(\boldsymbol{F}_i) = 0$$

由 $f_{F_i}(\boldsymbol{F}_i) \neq 0$ 和 $f_{F_j}(\boldsymbol{F}_i) = 0$，我们可以推出 $\alpha_i = 0$，与 $\alpha_i \neq 0$ 矛盾。因此，$f_{F_1}, f_{F_2}, \cdots, f_{F_m}$ 线性无关。 $\square$

注意到 $f_F(\boldsymbol{x})$ 落在实多项式空间 $\mathbb{R}^{\leqslant s}[x_1, \cdots, x_n]$ 中，从而

$$m \leqslant \dim\left(\mathbb{R}^{\leqslant s}[x_1, \cdots, x_n]\right) = \binom{n}{0} + \binom{n}{1} + \cdots + \binom{n}{s}$$

定理 4.5 得证。 ■

令 $\mathcal{F} \subseteq \binom{[n]}{k}$ 是一个相交集族，即一个 $\{1, 2, \cdots, k-1\}$-相交集族，根据定理 4.5，有

$$|\mathcal{F}| \leqslant \binom{n}{0} + \binom{n}{1} + \cdots + \binom{n}{k-1}$$

然而，这并没有得到最好的上界。一个有趣的问题是：能否用多项式方法证明埃尔德什-柯-拉多定理。2001 年佐尔坦·菲雷迪、黄京琬和保罗·魏克塞尔给出了一个证明[47]。

给定 $X, P \subseteq [n]$ 和 α，如果 $|X \cap P| = \alpha$，则称 $\boldsymbol{X}$ 满足 $(\boldsymbol{P}, \boldsymbol{\alpha})$-相交性质。

引理 4.9[47]　令 $\mathcal{F} = \{F_1, F_2, \cdots, F_m\} \subseteq 2^{[n]}$。为每个 F_i 指定一组相交性质

$$R_i = \{(P_{i1}, \alpha_1), (P_{i2}, \alpha_2), \cdots, (P_{is}, \alpha_s)\}$$

若存在 $X_1, X_2, \cdots, X_m \subseteq [n]$ 使得下面两个条件成立，那么 $|\mathcal{F}| \leqslant \binom{n}{0} + \binom{n}{1} + \cdots + \binom{n}{s}$。

（1）X_i 不满足 R_i 中的每个相交性质；

（2）对于任意 $j > i$，X_i 至少满足 R_j 中的一个相交性质。

证明：对于任意 $F \in \mathcal{F}$，定义一个多项式

$$f_i(\boldsymbol{x}) = \prod_{1 \leqslant j \leqslant s}\left(\langle \boldsymbol{x}, \boldsymbol{P}_{ij}\rangle - \alpha_j\right) = \prod_{1 \leqslant j \leqslant s}\left(\sum_{p \in P_{ij}} x_p - \alpha_j\right)$$

断言：$f_1, f_2, \cdots, f_m$ 线性无关。

断言的证明：假设存在不全为 0 的 $\alpha_1, \alpha_2, \cdots, \alpha_m$ 使得

$$\alpha_1 f_1 + \alpha_2 f_2 + \cdots + \alpha_m f_m = 0$$

不妨设 i 为使得 $\alpha_i \neq 0$ 的最小整数，那么

$$\alpha_i f_i(\boldsymbol{F}_i) + \alpha_{i+1} f_{i+1}(\boldsymbol{F}_i) + \cdots + \alpha_m f_m(\boldsymbol{F}_i) = 0$$

由 $f_i(\boldsymbol{F}_i) \neq 0$ 和 $f_j(\boldsymbol{F}_i) = 0$ 可以推出 $\alpha_i = 0$，与 $\alpha_i \neq 0$ 矛盾。因此，$f_1, f_2, \cdots, f_m$ 线性无关。□

注意到 $f_i(\boldsymbol{x})$ 落在 $\mathbb{R}^{\leqslant s}[x_1, \cdots, x_n]$ 中，从而

$$m \leqslant \dim(V) = \binom{n}{0} + \binom{n}{1} + \cdots + \binom{n}{s}$$

引理 4.9 得证。　　　　　　　　　　　　　　　　　　　　　　　　　　　　■

埃尔德什-柯-拉多定理的多项式方法证明：令 $\mathcal{F} \subseteq \binom{[n]}{k}$ 是一个相交集族，任意选定一个 $p \in [n]$，定义

$$\mathcal{F}_0 = \{F \in \mathcal{F} : p \notin F\}$$

$$\mathcal{H} = \{H \subseteq [n] : p \notin H, 0 \leqslant |H| \leqslant k-2\}$$

$$\mathcal{F}_1 = \{F \in \mathcal{F} : p \in F\}$$

$$\mathcal{G} = \{G \subseteq [n] : p \in G, 1 \leqslant |G| \leqslant k-1\}$$

显然有

$$|\mathcal{H}| + |\mathcal{G}| = 2\left[\binom{n-1}{0} + \binom{n-1}{1} + \cdots + \binom{n-1}{k-2}\right]$$

$$= \binom{n}{0} + \binom{n}{1} + \cdots + \binom{n}{k-2} + \binom{n-1}{k-2}$$

$$= \binom{n}{0} + \binom{n}{1} + \cdots + \binom{n}{k-1} - \binom{n-1}{k-1} \tag{4.21}$$

且 $|\mathcal{F}| = |\mathcal{F}_0| + |\mathcal{F}_1|$。

如果对于任意 $F \in \mathcal{F}_0 \cup \mathcal{H} \cup \mathcal{F}_1 \cup \mathcal{G}$，都可以构造一个 $\mathbb{R}^{\leqslant s}[x_1, \cdots, x_n]$ 中的多项式且它们线性无关，从而

$$|\mathcal{F}| + |\mathcal{H}| + |\mathcal{G}| \leqslant \binom{n}{0} + \binom{n}{1} + \cdots + \binom{n}{k-1} \tag{4.22}$$

由式（4.21）和式（4.22）可以推出

$$|\mathcal{F}| \leq \binom{n-1}{k-1}$$

从而可以证明该定理。

根据引理 4.9，只需对每个 $F \in \mathcal{F}_0 \cup \mathcal{H} \cup \mathcal{F}_1 \cup \mathcal{G}$ 构造一个相交性质 $\mathcal{R}_i$ 和 X_i，使得引理 4.9 中的条件（1）和（2）成立即可。对 $\mathcal{F}_0 \cup \mathcal{H} \cup \mathcal{F}_1 \cup \mathcal{G}$ 中的集合进行排序，先以任意顺序排 $\mathcal{F}_0$ 中的集合，之后将 $\mathcal{H}$ 中的集合按从小到大的顺序排序，再之后以任意顺序排 $\mathcal{F}_1$ 中的集合，最后按从小到大的顺序来排 $\mathcal{G}$ 中的集合。

对于任意 $F_0 \in \mathcal{F}_0$，令相应的 $X_1 = [n] \setminus \{p\} \setminus F_0$ 且

$$\mathcal{R}_{F_0} = \left\{ (F_0, \alpha) : 1 \leq \alpha \leq k-1 \right\}$$

对于任意 $H \in \mathcal{H}$，令相应的 $X_2 = H$ 且

$$\mathcal{R}_H = \left\{ (\{h\}, 0) : h \in H \right\} \cup \left\{ ([n], n-k-1) \right\}$$

对于任意 $F_1 \in \mathcal{F}_1$，令相应的 $X_3 = F_1 \setminus \{p\}$ 且

$$\mathcal{R}_{F_1} = \left\{ (F_1 \setminus \{p\}, \alpha) : 0 \leq \alpha \leq k-2 \right\}$$

对任意 $G \in \mathcal{G}$，令相应的 $X_4 = G$ 且

$$\mathcal{R}_G = \left\{ (\{g\}, 0) : g \in G \right\}$$

我们只需验证上述定义满足引理 4.9 的条件。对于任意 $F_0 \in \mathcal{F}_0$，令 $X_1 = [n] \setminus \{p\} \setminus F_0$。由于 $X_1 \cap F_0 = \varnothing$，所以 X_1 不满足 $\mathcal{R}_{F_0}$ 中的所有相交性质，对于排序在 F_0 之后的 $F_0' \in \mathcal{F}_0$，由于 $1 \leq |F_0' \cap F_0| \leq k-1$，$|X_1 \cap F_0'| = |F_0' \setminus F_0| \in \{1, 2, \cdots, k-1\}$，所以 X_1 满足 $\mathcal{R}_{F_0'}$ 中的一个相交性质。由于 $|X_1 \cap [n]| = n-k-1$，故 X_1 满足 $\mathcal{R}_H$ 中的一个相交性质。由 $p \in F_1 \in \mathcal{F}_1, p \notin F_0$ 且 $\mathcal{F}$ 是相交集族，能推出

$$X_1 \cap (F_1 \setminus \{p\}) \subseteq F_1 \setminus (\{p\} \cap (F_1 \cap F_0))$$

而 $|F_1 \cap F_0| \geq 1$，所以 $0 \leq |X_1 \cap (F_1 \setminus \{p\})| \leq k-2$，$X_1$ 满足 $\mathcal{R}_{F_1}$ 中的一个相交性质。由于 $|X_1 \cap \{p\}| = 0$ 且 $p \in G$，故 X_1 满足 $\mathcal{R}_G$ 中的一个相交性质。

对于任意的 $H \in \mathcal{H}, X_2 = H$，由于 $n \geq 2k$，$|X_2 \cap [n]| \leq k-2 < n-k-1$，显然 X_2 不满足 $\mathcal{R}_H$ 中的所有相交性质。对于排在 H 之后的 $H' \in \mathcal{H}$，若 X_2 不满足 $\mathcal{R}_{H'}$ 中的所有相交性质，

则有 $X_2 = H \supseteq H'$，这与 H' 排在 H 之后矛盾，所以 X_2 满足 $\mathcal{R}_{H'}$ 中的某个相交性质。由于 $|H| \leq k-2$，$\left|X_2 \cap (F_1 \setminus \{p\})\right| \leq k-2$，故 X_2 满足 $\mathcal{R}_{F_1}$ 中的某个相交性质；由于 $\left|X_2 \cap \{p\}\right| = 0$ 且 $p \in G$，故 X_2 满足 $\mathcal{R}_G$ 中的一个相交性质。

对于任意的 $F_1 \in \mathcal{F}_1$，$X_3 = F_1 \setminus \{p\}$，$X_3$ 显然不满足 $\mathcal{R}_{F_1}$ 中的所有相交性质。令 $F_1' \in \mathcal{F}_1$，由于 $F_1 \setminus \{p\}$ 与 $F_1' \setminus \{p\}$ 的交集小于等于 $k-2$，故 X_3 满足 $\mathcal{R}_{F_1'}$ 中的某个相交性质；由于 $\left|X_3 \cap \{p\}\right| = 0$ 且 $p \in G$，故 X_3 满足 $\mathcal{R}_G$ 中的一个相交性质。

最后，对于任意的 $G \in \mathcal{G}$，$X_4 = G$，显然 X_4 不满足 $\mathcal{R}_G$ 中的所有相交性质。对于排在 G 之后的 $G' \in \mathcal{G}$，若 X_4 不满足 $\mathcal{R}_{G'}$ 中的所有相交性质，则有 $G' \subseteq G$，这与 G' 排在 G 之后矛盾。故 X_4 满足 $\mathcal{R}_{G'}$ 中的某个相交性质。综上，应用引理 4.9 即可完成证明。　□

第 5 章　弗兰克尔-库帕夫斯基集中不等式

概率方法（也因埃尔德什的突出贡献而被部分文献称为埃尔德什方法）由埃尔德什最早引入极值组合研究中，目前已经被认为是极值组合中最重要的研究方法之一，在极值组合学、数论、理论计算机科学等多个数学研究领域都产生了非常深远的影响。集中不等式是概率方法在组合学中具有广泛应用的一类概率不等式。在对埃尔德什匹配猜想的研究进展中，彼得·弗兰克尔和安德烈·库帕夫斯基基于阿祖马-霍夫丁不等式和克内泽尔图的特征值证明了一个关于随机匹配与一个给定超图交集大小的集中不等式[48]，该集中不等式已被证明在极值集合论中有非常重要的作用。本章主要介绍弗兰克尔-库帕夫斯基集中不等式及其在极值集合论中的应用。

5.1　鞅与弗兰克尔-库帕夫斯基集中不等式

给定一个随机变量序列 $Z_0, Z_1, \cdots, Z_n, \cdots$，如果对于任意的 Z_n 都满足

$$E|Z_n| < \infty \text{ 且 } E[Z_{n+1} \mid Z_0, Z_1, \cdots, Z_n] = Z_n$$

则称 $Z_0, Z_1, \cdots, Z_n, \cdots$ 为**鞅**。给定一个随机变量序列 $X_1, X_2, \cdots, X_n$ 和一个函数 f，令

$$Z_i = E\left[f(X_1, X_2, \cdots, X_n) \mid X_1, X_2, \cdots, X_i\right]$$

则容易验证 $Z_0, Z_1, \cdots, Z_n$ 是一个鞅，且 $Z_0 = E\left[f(X_1, X_2, \cdots, X_n)\right]$，$Z_n = f(X_1, X_2, \cdots, X_n)$。通常称 $Z_0, Z_1, \cdots, Z_n$ 为**曝光鞅**。

定理 5.1（阿祖马-霍夫丁不等式[49,50]）　令 $X_1, X_2, \cdots, X_n$ 是一个随机变量序列，且

$$Z_i = E\left[f(X_1, X_2, \cdots, X_n) \mid X_1, X_2, \cdots, X_i\right]$$

如果 $|Z_i - Z_{i-1}| \leqslant c_i$ 对于 $i = 1, 2, \cdots, n$ 成立，则对于任意的 $\lambda > 0$，有

$$P_r\left(|Z_n - Z_0| \geqslant \lambda\right) \leqslant 2\mathrm{e}^{\frac{-\lambda^2}{2(c_1^2 + \cdots + c_n^2)}}$$

为了证明定理 5.1，我们先证明下面的引理。

引理 5.1 令 X 是一维实随机变量，其取值范围是一个长为 ℓ 的区间。如果 $E[X] = 0$，则

$$E\left[\mathrm{e}^X\right] \leqslant \mathrm{e}^{\frac{\ell^2}{8}}$$

证明： 不妨设 $X \in [a, b]$，其中 $a \leqslant 0 \leqslant b$ 且 $b - a = \ell$。由于 e^x 是一个凸函数，从而对于任意的 $x \in [a, b]$ 都有

$$\mathrm{e}^x \leqslant \frac{b - x}{b - a}\mathrm{e}^a + \frac{x - a}{b - a}\mathrm{e}^b$$

由于 $E[X] = 0$，两边取期望可以得到

$$E\left[\mathrm{e}^X\right] \leqslant \frac{b}{b - a}\mathrm{e}^a + \frac{-a}{b - a}\mathrm{e}^b$$

令 $p = \dfrac{-a}{b - a}$，则有 $a = -p\ell$，$b = (1 - p)\ell$。所以

$$\ln E\left[\mathrm{e}^X\right] \leqslant \ln\left((1 - p)\mathrm{e}^{-p\ell} + p\mathrm{e}^{(1-p)\ell}\right) = -p\ell + \ln\left(1 - p + p\mathrm{e}^\ell\right)$$

令 $\varphi(\ell) = -p\ell + \ln\left(1 - p + p\mathrm{e}^\ell\right)$，注意到 $\varphi(0) = \varphi'(0) = 0$，且对于所有的 $\ell \geqslant 0$ 有

$$\varphi''(\ell) = \left(\frac{p}{(1-p)\mathrm{e}^{-p\ell} + p}\right)\left(1 - \frac{p}{(1-p)\mathrm{e}^{-p\ell} + p}\right) \leqslant \frac{1}{4}$$

所以

$$\ln E\left[\mathrm{e}^X\right] \leqslant \frac{\varphi''(\xi)}{2!}\ell^2 \leqslant \frac{\ell^2}{8}$$

从而引理 5.1 得证。 □

定理 5.1 的证明： 令 $t \geqslant 0$ 是一个之后决定取值的常数，根据鞅的定义可知

$$E_{X_1, X_2, \cdots, X_{i-1}}\left[t(Z_i - Z_{i-1})\right] = 0$$

由于对于 $X_1, X_2, \cdots, X_{i-1}$ 的一组给定值，$t(Z_i - Z_{i-1})$ 的取值范围是一个长度为 $2tc_i$ 的区间，即 $[-tc_i, tc_i]$，根据引理 5.1 有

$$E_{X_i,\cdots,X_n}\left[\mathrm{e}^{t(Z_i-Z_{i-1})}\mid X_1,X_2,\cdots,X_{i-1}\right]\leqslant \mathrm{e}^{\frac{t^2c_i^2}{2}}$$

因此

$$E_{X_1,X_2,\cdots,X_n}\left[\mathrm{e}^{t(Z_n-Z_0)}\right]=E_{X_1,X_2,\cdots,X_n}\left[\mathrm{e}^{t(Z_n-Z_{n-1})}\mathrm{e}^{t(Z_{n-1}-Z_0)}\right]$$

$$=E_{X_1,X_2,\cdots,X_{n-1}}\left[E_{X_n}[\mathrm{e}^{t(Z_n-Z_{n-1})}|X_1,X_2,\cdots,X_{n-1}]\mathrm{e}^{t(Z_{n-1}-Z_0)}\right]$$

$$=\mathrm{e}^{\frac{t^2c_n^2}{2}}E_{X_1,X_2,\cdots,X_{n-1}}\left[\mathrm{e}^{t(Z_{n-1}-Z_0)}\right]$$

对 n 进行归纳可以得到

$$E_{X_1,X_2,\cdots,X_n}\left[\mathrm{e}^{t(Z_n-Z_0)}\right]\leqslant \mathrm{e}^{\frac{t^2\left(c_1^2+c_2^2+\cdots+c_n^2\right)}{2}}$$

根据马尔可夫不等式可以得出

$$P_r\left(Z_n-Z_0\geqslant\lambda\right)\leqslant P_r\left(\mathrm{e}^{t(Z_n-Z_0)}\geqslant \mathrm{e}^{t\lambda}\right)\leqslant \frac{E_{X_1,X_2,\cdots,X_n}\left[\mathrm{e}^{t(Z_n-Z_0)}\right]}{\mathrm{e}^{t\lambda}}=\mathrm{e}^{-t\lambda+\frac{t^2\left(c_1^2+c_2^2+\cdots+c_n^2\right)}{2}}$$

令 $t=\dfrac{\lambda}{c_1^2+c_2^2+\cdots+c_n^2}$ 可以得到

$$P_r\left(Z_n-Z_0\geqslant\lambda\right)\leqslant \mathrm{e}^{\frac{-\lambda^2}{2(c_1^2+\cdots+c_n^2)}} \tag{5.1}$$

另外，对 $-Z_i$ 应用这一不等式可以得到

$$P_r\left(Z_n-Z_0\leqslant-\lambda\right)\leqslant \mathrm{e}^{\frac{-\lambda^2}{2(c_1^2+\cdots+c_n^2)}} \tag{5.2}$$

将式（5.1）与式（5.2）相加，可得

$$P_r\left(|Z_n-Z_0|\geqslant\lambda\right)\leqslant 2\mathrm{e}^{\frac{-\lambda^2}{2(c_1^2+\cdots+c_n^2)}}$$

从而定理 5.1 得证。　　　　　　　　　　　　　　　　　　　　　　　□

5.2　弗兰克尔-库帕夫斯基集中不等式的推导

定义克内泽尔图 $\mathrm{KN}(n,k)$，其顶点集合 $V = \begin{pmatrix} [n] \\ k \end{pmatrix}$，边集合

$$E = \left\{ (E_1, E_2) : E_1, E_2 \in \begin{pmatrix} [n] \\ k \end{pmatrix}, E_1 \bigcap E_2 = \varnothing \right\}$$

下面我们给出阿隆-金定理。

定理 5.2（阿隆-金定理[51]）　令 G 是一个有 n 个顶点的 d-正则图，令 λ 为 G 的邻接矩阵的绝对值第二大的特征值，则对于任意满足 $|S| = \alpha n$ 的顶点子集 $S \subseteq V(G)$，都有

$$\left| e(G[S]) - \frac{d}{2} \alpha^2 n \right| \leqslant \frac{1}{2} \lambda \alpha (1 - \alpha) n$$

引理 5.2　令 (A_1, A_2) 是从 $\begin{pmatrix} [m] \\ \ell \end{pmatrix}$ 中一致随机选择的一个 2-匹配，$\mathcal{G} \subseteq \begin{pmatrix} [m] \\ \ell \end{pmatrix}$ 是一个具有边密度 $\alpha = \dfrac{|\mathcal{G}|}{\begin{pmatrix} m \\ \ell \end{pmatrix}}$ 的集族，$m \geqslant t\ell$，则

$$\left| P_r (A_1, A_2 \in \mathcal{G}) - \alpha^2 \right| \leqslant \frac{\alpha(1-\alpha)}{t-1}$$

证明： 根据克内泽尔图的定义，(A_1, A_2) 是克内泽尔图中的一条边，从而 (A_1, A_2) 可以被看作从克内泽尔图中一致随机地选择的一条边，而 $P_r(A_1, A_2 \in \mathcal{G})$ 可以被看作 (A_1, A_2) 落在 $\mathrm{KN}(m, \ell)[\mathcal{G}]$ 中的概率。令 $D = \begin{pmatrix} m - l \\ \ell \end{pmatrix}$ 为克内泽尔图的正则度，$N = \begin{pmatrix} m \\ \ell \end{pmatrix}$ 为 $\mathrm{KN}(m, \ell)$ 的顶点数，则有

$$P_r \left(A_1, A_2 \in \mathcal{G} \right) = \frac{e\left(\mathrm{KN}(m, \ell)[\mathcal{G}] \right)}{e\left(\mathrm{KN}(m, \ell) \right)} = \frac{e\left(\mathrm{KN}(m, \ell)[\mathcal{G}] \right)}{\dfrac{DN}{2}}$$

根据阿隆-金定理，有

$$\left| e\big(\mathrm{KN}(m,\ell)[\mathcal{G}] \big) - \frac{D}{2}\alpha^2 N \right| \leqslant \frac{1}{2}\lambda\alpha(1-\alpha)N$$

从而

$$\left| P_r\big(A_1, A_2 \in \mathcal{G} \big) - \alpha^2 \right| \leqslant \frac{\lambda\alpha(1-\alpha)}{D}$$

根据定理 4.2 可知 $\lambda = \dbinom{m-\ell-1}{\ell-1}$。由于 $m \geqslant t\ell$，则有

$$\frac{\lambda}{D} = \frac{\dbinom{m-\ell-1}{\ell-1}}{\dbinom{m-\ell}{\ell}} = \frac{\ell}{m-\ell} \leqslant \frac{1}{t-1}$$

因此引理 5.2 成立。 □

> **定理 5.3** 设 m,ℓ,t 是满足 $m \geqslant t\ell$ 的正整数，令 $\mathcal{G} \subseteq \dbinom{[m]}{\ell}$ 是一个具有边密度 $\alpha = \dfrac{|\mathcal{G}|}{\dbinom{m}{\ell}}$
>
> 的集族，X 为 $\dbinom{[m]}{\ell}$ 中一个一致随机 t-匹配与 $\mathcal{G}$ 的交集大小，则 $E[X] = \alpha t$，且对于任
>
> 意的 $\beta > 0$，有
>
> $$P_r\Big[|X - \alpha t| \geqslant 2\beta\sqrt{t} \Big] \leqslant 2\mathrm{e}^{\frac{-\beta^2}{2}}$$

证明： 设 $B_1, B_2, \cdots, B_t$ 是 $\dbinom{[m]}{\ell}$ 中一个一致随机 t-匹配，对于 $i = 1,2,\cdots,t$，令 X_i 表示指示随机变量，用于指示 B_i 是否在集族 $\mathcal{G}$ 中，则显然有 $X = X_1 + \cdots + X_t$。令

$$Z_i = E\big[X \mid X_1, X_2, \cdots, X_{i-1} \big]$$

则有 $Z_0 = E[X]$，$Z_t = X$。注意到当前的概率空间

$$\Omega = \left\{ (B_1, B_2, \cdots, B_t) : B_1, B_2, \cdots, B_t \text{ 是 } \dbinom{[m]}{l} \text{ 中的一个 } t\text{-匹配} \right\}$$

且每个样本点 $(B_1, B_2, \cdots, B_t)$ 的概率均为 $\dfrac{1}{|\Omega|}$。

断言：对于固定的 $(B_1, B_2, \cdots, B_{i-1})$，$\left| E[X \mid B_1, B_2, \cdots, B_{i-1}, X_i] - E[X \mid B_1, B_2, \cdots, B_{i-1}] \right| \le 2$。

断言的证明：令 $B = B_1 \bigcup B_2 \bigcup \cdots \bigcup B_{i-1}$，$B_i, \cdots, B_t$ 可以被看作从 $\binom{[m] \setminus B}{\ell}$ 中一致随机地选择一个 $(t-i+1)$-匹配。令 $Y = [m] \setminus B$，$m' = m - (i-1)\ell$，$t' = t-i+1$，$\alpha' = \dfrac{|\mathcal{G}[Y]|}{\binom{m}{\ell}}$，显然有

$m' \ge t'\ell$。令 $B_i', \cdots, B_t'$ 为 $\binom{[m] \setminus B}{\ell}$ 中的一个一致随机 t'-匹配。令 X_i' 表示指示随机变量，用于指示 B_i' 是否在集族 $\mathcal{G}[Y]$ 中，则我们只需证明

$$\left| E\left[X_i' + \cdots + X_t' \mid X_i' \right] - E\left[X_i' + \cdots + X_t' \right] \right| \le 2$$

注意到

$$E\left[X_i' + \cdots + X_t' \right] = E\left[X_i' \right] + \cdots + E\left[X_t' \right] = (t-i+1)\alpha' = t'\alpha'$$

而

$$E\left[X_i' + \cdots + X_t' \mid X_i' \right] = X_i' + (t'-1)E\left[X_t' \mid X_i' \right]$$

我们考虑 $E\left[X_t' \mid X_i' \right]$，若 $X_i' = 1$，由引理 5.2 可知

$$\alpha' - \frac{1-\alpha'}{t'-1} \le E\left[X_t' \mid X_i' = 1 \right] = P_r\left(X_t' = 1 \mid X_i' = 1 \right) = \frac{P_r\left(B_t', B_i' \in \mathcal{G}[Y] \right)}{P_r\left(B_i' \in \mathcal{G}[Y] \right)} \le \alpha' + \frac{1-\alpha'}{t'-1}$$

从而

$$-1 \le E\left[X_i' + \cdots + X_t' \mid X_i' = 1 \right] - t'\alpha' \le 2 - 2\alpha'$$

所以

$$\left| E\left[X_i' + \cdots + X_t' \mid X_i' = 1 \right] - E\left[X_i' + \cdots + X_t' \right] \right| \le 2$$

若 $X_i' = 0$，由引理 5.2 可知

$$-\frac{\alpha'}{t'-1} \le E\left[X_t' \mid X_i' = 0 \right] = P_r\left(X_t' = 1 \mid X_i' = 0 \right) = \frac{P_r\left(B_t' \in \mathcal{G}[Y] \right) - P_r\left(B_t', B_i' \in \mathcal{G}[Y] \right)}{1 - P_r\left(B_i' \in \mathcal{G}[Y] \right)} \le \frac{\alpha'}{t'-1}$$

从而

$$1-\alpha' \leqslant E\left[X'_i+\cdots+X'_t \mid X'_i=0\right]-t'\alpha' \leqslant 1+\alpha'$$

所以

$$\left|E\left[X'_i+\cdots+X'_t \mid X'_i=0\right]-E\left[X'_i+\cdots+X'_t\right]\right| \leqslant 2$$

综上，断言成立。　　　□

给定随机向量 $(X_1,X_2,\cdots,X_{i-1})$ 的一组值 $\boldsymbol{x}=(x_1,x_2,\cdots,x_{i-1})$，令

$$\Omega_{\boldsymbol{x}}=\left\{(B_i,B_{i+1},\cdots,B_t):B=(B_1,B_2,\cdots,B_t)\in\Omega,X_1(B)=x_1,X_2(B)=x_2,\cdots,X_{i-1}(B)=x_{i-1}\right\}$$

则根据断言有

$$|Z_{i+1}-Z_i|=\left|E[X\mid X_1=x_1,X_2=x_2,\cdots,X_i=x_i]-E[X\mid X_1=x_1,X_2=x_2,\cdots,X_{i-1}=x_{i-1}]\right|$$

$$=\sum_{B\in\Omega_x}P_r(B)\left|E[X\mid B,X_i=x_i]-E[X\mid B]\right|$$

$$\leqslant 2$$

又根据阿祖马-霍夫丁不等式，有

$$P_r\left[|X-\alpha t|\geqslant 2\beta\sqrt{t}\right]\leqslant 2\mathrm{e}^{\frac{-\beta^2}{2}}$$

定理 5.3 得证。　　■

5.3　哈密顿 (a,b)-圈的存在性问题

令 k,a,b 为满足 $k=a+b$ 的正整数，给定一个 k-一致超图 $\mathcal{C}$，如果存在顶点集合 $V(\mathcal{C})$ 的一个划分 $(A_0,B_0,A_1,B_1,\cdots,A_{t-1},B_{t-1})$ 使得 $|A_i|=a$，$|B_i|=b$，而且

$$E(\mathcal{C})=\left\{A_i\bigcup B_i:i=0,1,\cdots,t-1\right\}\bigcup\left\{B_i\bigcup A_{i+1}:i=0,1,\cdots,t\right\}$$

则称 $\mathcal{C}$ 为一个 (a,b)-圈。如果一个有 n 个顶点的 k-一致超图 $\mathcal{H}$ 包含一个覆盖所有顶点的 (a,b)-圈作为子超图，则称 $\mathcal{H}$ 包含一个**哈密顿 (a,b)-圈**[52]。

令 $\mathcal{H}$ 为一个有 n 个顶点的 k-一致超图，对于 $V(\mathcal{H})$ 的一个 d 元顶点子集 S，定义 $\deg_{\mathcal{H}}(S)$ 为 $\mathcal{H}$ 中包含 S 作为子集的边的条数，$\mathcal{H}$ 的最小 d 度 $\delta_d(\mathcal{H})$ 定义为 $V(\mathcal{H})$ 的所有 d 元顶点子集 S 中 $\deg_{\mathcal{H}}(S)$ 的最小值。

应用弗兰克尔-库帕夫斯基集中不等式，我们可以证明如下的定理。

> **定理 5.4** 令 n,k,a,b 为正整数且 $n \in k\mathbb{N}$，$n \geqslant 5k$ 且 $k=a+b$。令 $\mathcal{H}$ 为一个有 n 个顶点的 k-一致超图，如果存在 $\alpha \in (0,1)$ 满足 $\delta_a(\mathcal{H}) \geqslant \left(\alpha + 4\sqrt{\dfrac{k \ln n}{n}}\right)\dbinom{n-a}{b}$ 且 $\delta_b(\mathcal{H}) \geqslant \left(1-\alpha + 4\sqrt{\dfrac{k \ln n}{n}}\right)\dbinom{n-b}{a}$，则 $\mathcal{H}$ 包含一个哈密顿 (a,b)-圈。

如果 $a \leqslant b$ 且 $\delta_b(\mathcal{H}) \geqslant \beta \dbinom{n-b}{a}$，则有

$$\delta_a(\mathcal{H}) \geqslant \frac{\dbinom{n-a}{b-a}}{\dbinom{b}{b-a}}\delta_b(\mathcal{H}) \geqslant \beta \frac{\dbinom{n-a}{b-a}\dbinom{n-b}{a}}{\dbinom{b}{b-a}} = \beta \dbinom{n-a}{b}$$

由定理 5.4 可以得出如下的推论。

> **推论 5.1** 令 n,k,ℓ 为正整数且 $n \in k\mathbb{N}$，$n \geqslant 5k$ 且 $\dfrac{k}{2} \leqslant \ell < k$。令 $\mathcal{H}$ 为一个有 n 个顶点的 k-一致超图，如果 $\delta_\ell(\mathcal{H}) \geqslant \left(\dfrac{1}{2} + 4\sqrt{\dfrac{k \ln n}{n}}\right)\dbinom{n-\ell}{k-\ell}$，则 $\mathcal{H}$ 包含一个哈密顿 $(k-\ell,\ell)$-圈。

容易看出，$\mathcal{H}$ 中的一个哈密顿 $(k-\ell,\ell)$-圈可以分解成两个 $\mathcal{H}$ 中的完美匹配，从而又有如下的推论。

> **推论 5.2** 令 n,k,ℓ 为正整数且 $n \in k\mathbb{N}$，$n \geqslant 5k$ 且 $\dfrac{k}{2} \leqslant \ell < k$。令 $\mathcal{H}$ 为一个有 n 个顶点的 k-一致超图，如果 $\delta_\ell(\mathcal{H}) \geqslant \left(\dfrac{1}{2} + 4\sqrt{\dfrac{k \ln n}{n}}\right)\dbinom{n-\ell}{k-\ell}$，则 $\mathcal{H}$ 包含一个完美匹配。

为了证明定理 5.4，我们还需要知道穆恩-莫泽定理。

> **定理 5.5（穆恩-莫泽定理[53]）** 令 $G[X,Y]$ 为一个以 X,Y 为两个部集的二部图且满足 $|X|=|Y|=n$，如果对于任意的非邻边 xy（$x\in X$，$y\in Y$）都有 $\deg(x)+\deg(y)>n$，则 G 包含一个哈密顿圈。

定理 5.4 的证明： 令 $\mathcal{H}$ 为一个有 n 个顶点的 k-一致超图，$t=\dfrac{n}{k}\geqslant 5$，如果集合 $(A_1,\cdots,A_t,B_1,\cdots,B_t)$ 是顶点集合 $V(\mathcal{H})$ 的一个划分，且满足 $|A_i|=a$，$|B_j|=b$，则称元组 $(A_1,\cdots,A_t,B_1,\cdots,B_t)$ 为顶点集合 $V(\mathcal{H})$ 的一个 (a,b) 划分。令 Ω 为顶点集合 $V(\mathcal{H})$ 的所有 (a,b) 划分构成的集合，$(A_1,\cdots,A_t,B_1,\cdots,B_t)$ 为从 Ω 中一致随机选择的一个 (a,b) 划分，$X=\{A_1,\cdots,A_t\}$，$Y=\{B_1,\cdots,B_t\}$。我们考虑一个普通二部图 $G[X,Y]$ 使得 (A_i,B_j) 构成一条边，当且仅当 $A_i\cup B_j\in E(\mathcal{H})$。如果存在一个 (a,b) 划分使得

$$\deg_G(A_i)+\deg_G(B_j)>t$$

对于所有的 $i,j\in[t]$ 成立，则根据定理 5.5，G 包含一个哈密顿圈，从而 $\mathcal{H}$ 包含一个哈密顿 (a,b)-圈。因此，我们只需证明事件 $\deg_G(A_i)+\deg_G(B_j)>t$ 对于所有的 $i,j\in[t]$ 成立发生的概率为正。

令 A 为顶点集合 $V(\mathcal{H})$ 的一个 a 元集合，B 为一个 b 元集合，定义

$$\mathcal{H}[A]=\{S:S\cup A\in\mathcal{H}\},\mathcal{H}[B]=\{S:S\cup B\in\mathcal{H}\},\eta_A=|\mathcal{H}[A]\cap Y|,\eta_B=|\mathcal{H}[B]\cap X|$$

$$\gamma=2\sqrt{\ln t},\alpha_A=\frac{|\mathcal{H}[A]|}{\binom{n-a}{b}},\alpha_B=\frac{|\mathcal{H}[B]|}{\binom{n-b}{a}}$$

注意到 $\alpha_A\geqslant\alpha+4\sqrt{\dfrac{\ln t}{t}}$，所以

$$P_r\left[\deg_G(A_i)\leqslant\alpha t\right]=\sum_{A\in\binom{V(\mathcal{H})}{a}}P_r\left[\deg_G(A_i)\leqslant\alpha t\mid A_i=A\right]P_r\left[A_i=A\right]$$

$$=\binom{n}{a}^{-1}\sum_{A\in\binom{V(\mathcal{H})}{a}}P_r\left[\eta_A\leqslant\alpha t\mid A_i=A\right]$$

$$=\binom{n}{a}^{-1}\sum_{A\in\binom{V(\mathcal{H})}{a}}P_r\left[\eta_A\leqslant\alpha_A t-4\sqrt{t\ln t}\mid A_i=A\right]$$

由于 Y 可以被看作从在条件 $A_i = A$ 下 $\begin{pmatrix} [n] \setminus A \\ b \end{pmatrix}$ 的所有 t-匹配中一致随机选出的一个 t-匹配，根据弗兰克尔-库帕夫斯基集中不等式，有

$$P_r \Big[\eta_A - \alpha_A t \leqslant -4\sqrt{t \ln t} \,\big|\, A_i = A \Big] \leqslant \frac{1}{t^2}$$

从而

$$P_r \Big[\deg_G (A_i) \leqslant \alpha t \Big] \leqslant \frac{1}{t^2}$$

类似地，可以得出

$$P_r \Big[\deg_G (B_j) \leqslant (1 - \alpha) t \Big] \leqslant \frac{1}{t^2}$$

根据所有坏事件的并集概率上界，可以得到在概率 $2t \cdot \dfrac{1}{t^2} = \dfrac{2}{t} < 1$ 下，t 个坏事件 $\deg_G (A_i) \leqslant \alpha t$ 和 t 个坏事件 $\deg_G (B_j) \leqslant (1 - \alpha) t$ 中的一个会发生。所以在正的概率下有

$$\deg_G (A_i) > \alpha t, \deg_G (B_j) > (1 - \alpha) t$$

对所有的 $i, j \in [t]$ 成立。所以事件 $\deg_G (A_i) + \deg_G (B_j) > t$ 对于所有的 $i, j \in [t]$ 成立发生的概率为正，从而定理 5.4 得证。 □

5.4　直积超图上的彩色匹配问题

设 $n_1, \cdots, n_\ell$、$k_1, \cdots, k_\ell$ 均为正整数，且 $V_1, \cdots, V_\ell$ 为满足 $|V_i| = n_i$（$i = 1, \cdots, \ell$）的互不相交的非空集合。定义直积超图 $\sqcup_{i=1}^{\ell} \begin{pmatrix} V_i \\ k_i \end{pmatrix}$ 为所有满足对于每个 $i = 1, \cdots, \ell$ 都有 $|F \cap V_i| = k_i$ 的子集 $F \subseteq \bigcup_{i=1}^{\ell} V_i$ 构成的集族。对一个 k-图 $\mathcal{F} \in \begin{pmatrix} [n] \\ k \end{pmatrix}$，其匹配数 $\nu(\mathcal{F})$ 表示 $\mathcal{F}$ 中两两不相交的边的最大数量。令 $\mathcal{F}_1, \mathcal{F}_2, \cdots, \mathcal{F}_s \subseteq \begin{pmatrix} [n] \\ k \end{pmatrix}$。如果存在 s 个两两不相交的集合 $F_1 \in \mathcal{F}_1, F_2 \in \mathcal{F}_2, \cdots, F_s \in \mathcal{F}_s$，则称 $\mathcal{F}_1, \mathcal{F}_2, \cdots, \mathcal{F}_s$ 包含一个**彩色匹配**。

令 $\mathcal{F} \in \sqcup_{i=1}^{\ell} \binom{V_i}{k_i}$ 且 $V_i = \{v_{i,1}, v_{i,2}, \cdots, v_{i,n_i}\}$ $(i=1,\cdots,\ell)$，定义 $\bigcup_{i=1}^{\ell} V_i$ 上的偏序 $\prec$，使得对于每个 i 有

$$v_{i,1} \prec v_{i,2} \prec \cdots \prec v_{i,n_i}$$

同时，来自不同部分的顶点不可比较。当对 $\mathcal{F}$ 进行移位运算时，我们只对满足 $u \prec v$ 的 (u,v) 进行移位运算 S_{uv}。

给定集族 $\mathcal{F} \in \sqcup_{i=1}^{\ell} \binom{V_i}{k_i}$，如果对于所有满足 $a \prec b$ 的 $a,b \in \bigcup_{i=1}^{\ell} V_i$，都有 $S_{ab}(\mathcal{F}) = \mathcal{F}$，那么称 $\mathcal{F}$ 为移位稳定的。与普通的 k-一致集族类似，可以证明通过重复进行移位运算，任何集族最终都会变成一个移位稳定的集族。

令 $k = k_1 + k_2 + \cdots + k_\ell$。设 $\sqcup_{i=1}^{\ell} \binom{V_i}{k_i}$ 中的两条不同的边 $A = \{a_1, a_2, \cdots, a_k\}$ 和 $B = \{b_1, b_2, \cdots, b_k\}$，如果存在 $[k]$ 的一个排列 $\sigma_1 \sigma_2 \cdots \sigma_k$ 使得 $a_j \prec b_{\sigma_j}$ 或 $a_j = b_{\sigma_j}$ 对于 $j = 1, \cdots, k$ 都成立，则记 $A \prec B$。同样可以证明，如果 $\mathcal{F}$ 是一个移位稳定集族，那么由 $A \prec B$ 且 $B \in \mathcal{F}$ 可以推出 $A \in \mathcal{F}$。

设 $\boldsymbol{n} = (n_1, n_2, \cdots, n_\ell)$ 和 $\boldsymbol{k} = (k_1, k_2, \cdots, k_\ell)$，对于任意 $S \subseteq \bigcup_{i=1}^{\ell} V_i$ 且 $|S| = s$，定义

$$\mathcal{E}(\boldsymbol{n}, \boldsymbol{k}, S) = \left\{ \mathcal{F} \in \sqcup_{j=1}^{\ell} \binom{V_j}{k_j} : F \cap S \neq \varnothing \right\}$$

$$f(\boldsymbol{n}, \boldsymbol{k}, s, i) = \left[\binom{n_i}{k_i} - \binom{n_i - s}{k_i} \right] \prod_{\substack{j \neq i \\ 1 \leq j \leq \ell}} \binom{n_i}{k_i}$$

对于 $i = 1, \cdots, \ell$，令 $V_i = \{v_{i,1}, v_{i,2}, \cdots, v_{i,n_i}\}$，$S_i = \{v_{i,1}, v_{i,2}, \cdots, v_{i,s}\}$，显然

$$\left| \mathcal{E}(\boldsymbol{n}, \boldsymbol{k}, S_i) \right| = f(\boldsymbol{n}, \boldsymbol{k}, s, i)$$

在本节中，我们主要完成对下面定理的证明。

定理 5.6[54]　设 $|V_i| = n_i$ 且 $n_i \geq 8\ell^2 k_i^2 s$ $(i=1,\cdots,\ell)$，如果 $\mathcal{F}_1, \mathcal{F}_2, \cdots, \mathcal{F}_s \subseteq \sqcup_{i=1}^{\ell} \binom{V_i}{k_i}$ 不包含彩色匹配，则存在 $1 \leq t \leq s$ 使得

$$|\mathcal{F}_t| \leq \max_{1 \leq i \leq \ell} f(\boldsymbol{n}, \boldsymbol{k}, s-1, i) \tag{5.3}$$

当 i_0 是满足式（5.3）右边的 i 的取值时，构造 $\mathcal{F}_1 = \mathcal{F}_2 = \cdots = \mathcal{F}_s = \mathcal{E}(\boldsymbol{n}, \boldsymbol{k}, S)$ 不包含彩色匹配，其中 $S \in \binom{V_{i_0}}{s-1}$，且使得式（5.3）等号成立。这表明定理 5.6 中的上界是最优的。

令 $\mathcal{F} \in \sqcup_{i=1}^{\ell} \binom{V_i}{k_i}$ 是一个集族，其中

$$V_i = \left\{ v_{i,1}, v_{i,2}, \cdots, v_{i,n_i} \right\}, i = 1, 2, \cdots, \ell$$

对于每个 $i \in [\ell]$ 和 $j \in [sk_i]$，定义

$$\mathcal{F}(v_{i,j}) = \left\{ F \setminus \{v_{i,j}\} : v_{i,j} \in F \in \mathcal{F} \right\}, \quad \mathcal{F}(\overline{v_{i,j}}) = \left\{ F \in \mathcal{F} : v_{i,j} \notin F \right\}$$

$$\mathcal{F}[v_{i,j}] = \left\{ E \in \mathcal{F}(v_{i,j}) : E \bigcap \{v_{i,1}, v_{i,2}, \cdots, v_{i,j}\} = \varnothing \right\}$$

设 $V = \bigcup_{1 \leqslant i \leqslant \ell} V_i$。对于任意 $x \in V_p \subseteq V$，定义 $I(x) = p$。对于 $S \subseteq T \subseteq V$，定义

$$\mathcal{F}(S, T) = \left\{ F \setminus S : F \in \mathcal{F}, F \bigcap T = S \right\}$$

当 $S = \{x\}$ 时，我们将 $\mathcal{F}(S, T)$ 简写为 $\mathcal{F}(x, T)$。我们将用 $\mathcal{F}(\bar{T})$ 表示 $\mathcal{F}(\varnothing, T)$，并用 $\mathcal{F}(S)$ 表示 $\{F \setminus S : S \subseteq F \in \mathcal{F}\}$。

> **引理 5.3**[55] 设 $G_1, G_2, \cdots, G_s$ 是具有相同部集 L 和 R 的 s 个二部图，且 $|L| = |R| = m \geqslant s$，如果对于每个 $i \in [s]$，均有 $e(G_i) > (s-1)m$，则 $G_1, G_2, \cdots, G_s$ 包含一个彩色匹配。

通过应用弗兰克尔-库帕夫斯基集中不等式和引理 5.3，可以证明下面的引理。

> **引理 5.4**[54] 设 ℓ、s、$n_1, \cdots, n_\ell$、$k_1, \cdots, k_\ell$ 为整数，且 $3s \leqslant \dfrac{n_1}{k_1} \leqslant \cdots \leqslant \dfrac{n_\ell}{k_\ell}$，$\mathcal{F}_1, \mathcal{F}_2, \cdots,$
> $\mathcal{F}_s \subseteq \sqcup_{i=1}^{\ell} \binom{V_i}{k_i}$，其中 $V_i = n_i$ $(i = 1, \cdots, \ell)$。如果 $\mathcal{F}_1, \mathcal{F}_2, \cdots, \mathcal{F}_s$ 不包含彩色匹配，则存在 $1 \leqslant t \leqslant s$ 使得
>
> $$|\mathcal{F}_t| < \frac{6sk_1}{n_1} \prod_{1 \leqslant j \leqslant \ell} \binom{n_j}{k_j}$$

证明： 假设对于所有 $1 \leqslant t \leqslant s$，有

$$|\mathcal{F}_t| = \frac{6sk_1}{n_1} \prod_{1 \leqslant j \leqslant \ell} \binom{n_j}{k_j}$$

我们将证明 $\mathcal{F}_1, \mathcal{F}_2, \cdots, \mathcal{F}_s$ 包含一个彩色匹配。

设 $m = \left\lfloor \dfrac{n_1}{k_1} \right\rfloor$，令 $\mathcal{A} = \{A_1, \cdots, A_m\}$ 是从 $\dbinom{V_1}{k_1}$ 中均匀随机选择的 m-匹配，$\mathcal{B} = \{B_1, \cdots, B_m\}$ 是从 $\sqcup_{i=2}^{\ell} \dbinom{V_i}{k_i}$ 中均匀随机选择的 m-匹配。对于每个 $t = 1, \cdots, s$，构造一个二部图 G_t，其部集为 $\mathcal{A}$ 和 $\mathcal{B}$，其中 $(A_i, B_j) \in E(G_t)$ 当且仅当 $A_i \cup B_j \in \mathcal{F}_t$。注意 $G_1, G_2, \cdots, G_s$ 中的彩色匹配对应于 $\mathcal{F}_1, \mathcal{F}_2, \cdots, \mathcal{F}_s$ 中的彩色匹配。因此，根据引理 5.3 和事件并集概率上界，只需证明对于每个 $1 \leqslant t \leqslant s$，有

$$P_r \left[e(G_t) \leqslant (s-1)m \right] < \frac{1}{s}$$

设 $X = e(G_t)$，X_{ij} 为事件 $A_i \cup B_j \in \mathcal{F}_t$ 的指示函数，显然有

$$X = \sum_{1 \leqslant i,j \leqslant m} X_{ij}$$

令 $\alpha = \dfrac{|\mathcal{F}_t|}{\prod_{j=1}^{\ell} \dbinom{n_j}{k_j}}$，对上式两边同时取期望，可以得到

$$E(X) = \sum_{1 \leqslant i,j \leqslant m} P_r \left[A_i \cup B_j \in \mathcal{F}_t \right] = \sum_{1 \leqslant i,j \leqslant m} \frac{|\mathcal{F}_t|}{\prod_{j=1}^{\ell} \dbinom{n_j}{k_j}} = \alpha m^2$$

因为 $\dfrac{n_1}{k_1} \geqslant 3s$，有

$$\alpha m = \frac{6sk_1}{n_1} \cdot \left\lfloor \frac{n_1}{k_1} \right\rfloor \geqslant \frac{6sk_1}{n_1} \cdot \frac{n_1 - k_1}{k_1} \geqslant 6s \left(1 - \frac{k_1}{n_1} \right) \geqslant 6s - 2 \qquad (5.4)$$

利用切比雪夫不等式，可以得到

$$P_r \left(X \leqslant (s-1)m \right) \leqslant P_r \left(X \leqslant \frac{E(X)}{6} \right) \leqslant P_r \left(|X - E(X)| \geqslant \frac{5}{6} E(X) \right)$$

$$\leqslant \frac{36}{25} \cdot \frac{\mathrm{Var}(X)}{\alpha^2 m^4} \qquad (5.5)$$

需要给 $\mathrm{Var}(X)$ 一个上界。对于 $1 \leqslant i, i', j, j' \leqslant m$，定义

$$\theta(i, j, i', j') = P_r \left(A_i \cup B_j, A_{i'} \cup B_{j'} \in \mathcal{F}_t \right) - \alpha^2$$

因此

$$\mathrm{Var}(X) = E(X^2) - E(X)^2 = \sum_{i,j,i',j' \in [m]} \left(E[X_{ij}X_{i'j'}] - E[X_{ij}]E[X_{i'j'}] \right)$$

$$= \sum_{i,j,i',j' \in [m]} \left(P_r \left(A_i \bigcup B_j, A_{i'} \bigcup B_{j'} \in \mathcal{F}_t \right) - P_r \left(A_i \bigcup B_j \in \mathcal{F}_t \right) P_r \left(A_{i'} \bigcup B_{j'} \in \mathcal{F}_t \right) \right)$$

$$= \sum_{i,j,i',j' \in [m]} \theta(i,i',j,j') \tag{5.6}$$

下面我们分 4 种情形来推导 $\theta(i,j,i',j')$ 的上界。

情形 1：$i \neq i'$ 且 $j \neq j'$。

设 H 是在顶点集合 $\sqcup_{i=1}^{\ell} \binom{V_i}{k_i}$ 上的图，其边集合由 $\sqcup_{i=1}^{\ell} \binom{V_i}{k_i}$ 中的不相交集合对组成。设 λ 为 H 的邻接矩阵的绝对值第二大特征值。彼得·弗兰克尔观察到 H 的邻接矩阵是克内泽尔图邻接矩阵的克罗内克积[56]。根据定理 4.2，有

$$\lambda = \frac{k_1}{n_1 - k_1} \prod_{1 \leqslant p \leqslant \ell} \binom{n_p - k_p}{k_p}$$

由于 $i \neq i'$ 且 $j \neq j'$，所以 $(A_i \bigcup B_j) \bigcap (A_{i'} \bigcup B_{j'}) = \varnothing$。注意到 $A_1, \cdots, A_m$ 和 $B_1, \cdots, B_m$ 是均匀随机选择的，事件 $A_i \bigcup B_j, A_{i'} \bigcup B_{j'} \in \mathcal{F}_t$ 发生的概率等于从 $E(H)$ 中均匀选择的边是诱导子图 $H[\mathcal{F}_t]$ 中的边的概率，即

$$P_r \left(A_i \bigcup B_j, A_{i'} \bigcup B_{j'} \in \mathcal{F}_t \right) = \frac{e(H[\mathcal{F}_t])}{e(H)}$$

设 D 为 H 的度，N 为 H 的顶点数，显然，$D = \prod_{1 \leqslant p \leqslant \ell} \binom{n_p - k_p}{k_p}$ 且 $N = \prod_{1 \leqslant p \leqslant \ell} \binom{n_p}{k_p}$。由于 H 是 D-正则的，有 $e(H) = \frac{DN}{2}$。根据定理 5.2，有

$$\theta(i,j,i',j') \leqslant \left| \frac{e(H[\mathcal{F}_t])}{e(H)} - \alpha^2 \right| \leqslant \frac{\lambda}{D} \alpha(1-\alpha) \leqslant \frac{k_1}{n_1 - k_1} \alpha \tag{5.7}$$

情形 2：$i \neq i'$ 且 $j = j'$。

对于 $B = \sqcup_{i=2}^{\ell} \binom{V_i}{k_i}$，定义 $\mathcal{F}_t(B) = \left\{ K \in \binom{V_1}{k_1} : K \bigcup B \in \mathcal{F}_t \right\}$。设 H 为在顶点集合 $\binom{V_1}{k_1}$ 上的克内泽尔图。由于 $i \neq i'$ 且 $j = j'$，事件 $A_i \bigcup B_j, A_{i'} \bigcup B_{j'} \in \mathcal{F}_t$ 发生的概率等于从 H 中均匀选择的边是 $H[\mathcal{F}_t(B_j)]$ 中的边的概率。因此

$$P_r\left(A_i\bigcup B_j,A_{i'}\bigcup B_{j'}\in\mathcal{F}_t\right)=\sum_{B\in\sqcup_{i=2}^{\ell}\binom{V_i}{k_i}}P_r\left(A_i,A_{i'}\in\mathcal{F}_t(B)\,|\,B_j=B\right)P_r\left(B_j=B\right)$$

$$=\sum_{B\in\sqcup_{i=2}^{\ell}\binom{V_i}{k_i}}\frac{e\left(H\left[\mathcal{F}_t(B_j)\right]\right)}{e(H)}\cdot P_r\left(B_j=B\right)\tag{5.8}$$

设 $\alpha(B)=\dfrac{\left|\mathcal{F}_t(B)\right|}{\binom{n_1}{k_1}}$，$D$ 为 H 的度，N 为 H 的顶点数，显然，$D=\binom{n_1-k_1}{k_1}$ 且 $N=\binom{n_1}{k_1}$。

设 λ 为 H 的邻接矩阵的绝对值第二大特征值。根据定理 4.2 有 $\lambda=\binom{n_1-k_1-1}{k_1-1}$。根据定理 5.2，有

$$\left|\frac{e\left(H\left[\mathcal{F}_t(B_j)\right]\right)}{e(H)}-\alpha^2(B)\right|\leqslant\frac{\lambda}{D}\alpha(B)(1-\alpha(B))\leqslant\alpha(B)(1-\alpha(B))\tag{5.9}$$

由式（5.8）和式（5.9）可以得到

$$\theta(i,j,i',j')=P_r\left(A_i\bigcup B_j,A_{i'}\bigcup B_{j'}\in\mathcal{F}_t\right)-\alpha^2$$

$$\leqslant\frac{1}{\prod_{2\leqslant p\leqslant\ell}\binom{n_p}{k_p}}\sum_{B\in\sqcup_{i=2}^{\ell}\binom{V_i}{k_i}}\left(\alpha(B)(1-\alpha(B))+\alpha^2(B)\right)-\alpha^2$$

$$\leqslant\frac{1}{\prod_{2\leqslant p\leqslant\ell}\binom{n_p}{k_p}}\sum_{B\in\sqcup_{i=2}^{\ell}\binom{V_i}{k_i}}\alpha(B)$$

$$\leqslant\frac{1}{\prod_{2\leqslant p\leqslant\ell}\binom{n_p}{k_p}}\sum_{B\in\sqcup_{i=2}^{\ell}\binom{V_i}{k_i}}\frac{\left|\mathcal{F}_t(B)\right|}{\binom{n_1}{k_1}}$$

$$\leqslant\frac{1}{\prod_{1\leqslant p\leqslant\ell}\binom{n_p}{k_p}}\sum_{B\in\sqcup_{i=2}^{\ell}\binom{V_i}{k_i}}\left|\mathcal{F}_t(B)\right|$$

$$\leqslant\frac{\left|\mathcal{F}_t\right|}{\prod_{1\leqslant p\leqslant\ell}\binom{n_p}{k_p}}$$

$$=\alpha\tag{5.10}$$

情形 3：$i = i'$ 且 $j \neq j'$。

类似地，设 H 为在顶点集合 $\sqcup_{i=2}^{\ell} \binom{V_i}{k_i}$ 上的图，其边集合由 $\sqcup_{i=2}^{\ell} \binom{V_i}{k_i}$ 中的不相交集合对组成，设 λ 为 H 的邻接矩阵的绝对值第二大特征值。由于 H 的邻接矩阵是克内泽尔图邻接矩阵的克罗内克积，根据定理 4.2，有

$$\lambda = \frac{k_2}{n_2 - k_2} \prod_{2 \leqslant p \leqslant \ell} \binom{n_p - k_p}{k_p}$$

对于 $A \in \binom{V_1}{k_1}$，定义 $\mathcal{F}_t(A) = \left\{ K \in \sqcup_{i=2}^{\ell} \binom{V_i}{k_i} : A \cup K \in \mathcal{F}_t \right\}$。设 $\alpha(A) = \dfrac{|\mathcal{F}_t(A)|}{\prod_{2 \leqslant p \leqslant \ell} \binom{n_p}{k_p}}$，$D$ 为 H

的度，N 为 H 的顶点数，显然，$D = \prod_{2 \leqslant p \leqslant \ell} \binom{n_p - k_p}{k_p}$ 且 $N = \prod_{2 \leqslant p \leqslant \ell} \binom{n_p}{k_p}$，则

$$P_r\left(A_i \cup B_j, A_{i'} \cup B_{j'} \in \mathcal{F}_t \right) = \sum_{A \in \binom{V_1}{k_1}} \frac{e\left(H\left[\mathcal{F}_t(A) \right] \right)}{e(H)} \cdot P_r\left(A_i = A \right)$$

根据定理 5.2，对于 $A \in \binom{V_1}{k_1}$，有

$$\left| \frac{e\left(H\left[\mathcal{F}_t(A) \right] \right)}{e(H)} - \alpha^2(A) \right| \leqslant \frac{\lambda}{D} \alpha(A)(1 - \alpha(A)) \leqslant \alpha(A)(1 - \alpha(A))$$

因此

$$\begin{aligned}
\theta(i, j, i', j') &\leqslant P_r\left(A_i \cup B_j, A_{i'} \cup B_{j'} \in \mathcal{F}_t \right) - \alpha^2 \\
&\leqslant \frac{1}{\binom{n_1}{k_1}} \sum_{A \in \binom{V_1}{k_1}} \left(\alpha(A)(1 - \alpha(A)) + \alpha^2(A) \right) \\
&\leqslant \frac{1}{\binom{n_1}{k_1}} \sum_{A \in \binom{V_1}{k_1}} \alpha(A) \\
&\leqslant \frac{1}{\binom{n_1}{k_1}} \sum_{A \in \binom{V_1}{k_1}} \frac{|\mathcal{F}_t(A)|}{\prod_{2 \leqslant p \leqslant \ell} \binom{n_p}{k_p}} \\
&= \alpha
\end{aligned} \tag{5.11}$$

情形 4：$i = i'$ 且 $j = j'$。

在这种情形下，$P_r\left(A_i \cup B_j, A_{i'} \cup B_{j'} \in \mathcal{F}_t\right) = P_r\left(A_i \cup B_j \in \mathcal{F}_t\right) = \alpha$，因此

$$\theta\left(i, j, i', j'\right) = \alpha - \alpha^2 \leqslant \alpha \tag{5.12}$$

将式（5.7）、式（5.10）、式（5.11）和式（5.12）代入式（5.6），得到

$$\mathrm{Var}(X) = \sum_{i,j,i',j' \in [m]} \theta\left(i, j, i', j'\right) \leqslant \frac{k_1}{n_1 - k_1} \alpha m^2 \left(m-1\right)^2 + 2\alpha m^3 + \alpha m^2$$

由 $m = \left\lfloor \dfrac{n_1}{k_1} \right\rfloor \leqslant \dfrac{n_1}{k_1}$ 知 $\dfrac{k_1}{n_1 - k_1} \leqslant \dfrac{1}{m-1}$，因此

$$\mathrm{Var}(X) = \frac{1}{m-1} \alpha m^2 \left(m-1\right)^2 + 2\alpha m^3 + \alpha m^2 = 3\alpha m^3 \tag{5.13}$$

将式（5.13）代入式（5.5），得到

$$P_r\left(X \leqslant (s-1)m\right) \leqslant \frac{36}{25} \cdot \frac{3\alpha m^3}{\alpha^2 m^4} = \frac{36 \cdot 3}{25\alpha m}$$

此外，式（5.4）表明 $\alpha m \geqslant 6s - 2 \geqslant 5s$。因此，可以得到

$$P_r\left(X \leqslant (s-1)m\right) \leqslant \frac{36 \cdot 3}{25\alpha m} \leqslant \frac{36 \cdot 3}{25 \cdot 5} \cdot \frac{1}{s} < \frac{1}{s}$$

引理 5.4 得证。　　　　　　　　　　　　　　　　　　　　　　　　□

定理 5.6 的证明还需要下面的引理 5.5 和引理 5.6。其中引理 5.5 由黄皓、罗博深和贝尼·苏达科夫（Benny Sudakov）证明[57]，具体证明过程此处不再赘述。

> **引理 5.5**[57]　如果集族 $\mathcal{F}_1, \cdots, \mathcal{F}_s \subseteq \dbinom{[n]}{k}$ 不包含彩色匹配，且 $i, j \in [n]$ 满足 $i < j$，则 $S_{ij}(\mathcal{F}_1), \cdots, S_{ij}(\mathcal{F}_s)$ 也不包含彩色匹配。

> **引理 5.6**　设 ℓ、s、$n_1, \cdots, n_\ell$、$k_1, \cdots, k_\ell$ 为整数，且 $n_i \geqslant 8\ell^2 k_i^2 s$，$i = 1, \cdots, \ell$，$\mathcal{F}_1, \mathcal{F}_2, \cdots$，$\mathcal{F}_s \subseteq \sqcup_{i=1}^{\ell} \dbinom{V_i}{k_i}$，其中 $|V_i| = n_i$。如果 $\mathcal{F}_1, \mathcal{F}_2, \cdots, \mathcal{F}_s$ 不包含彩色匹配，则存在 $1 \leqslant t \leqslant s$ 使得
> $$|\mathcal{F}_t| \leqslant \prod_{i=1}^{\ell} \binom{n_i}{k_i} - \min_{x_1 + \cdots + x_\ell = s-1} \prod_{i=1}^{\ell} \binom{n_i - x_i}{k_i}$$

证明：不失一般性，我们可以假设 $\frac{n_1}{k_1} \leqslant \frac{n_2}{k_2} \leqslant \cdots \leqslant \frac{n_\ell}{k_\ell}$。根据引理 5.5，可以假设 $\mathcal{F}_i$ 对所有 $i = 1, \cdots, s$ 都是移位稳定的。下面我们通过对 s 进行归纳来证明这个引理。当 $s = 1$ 时，引理 5.6 显然成立。假设引理 5.6 对 $s-1$ 成立，我们需要证明引理 5.6 对 s 也成立。

设 $V_i = \{v_{i,j} : j \in [n_i]\}$，对于每个 $x \in \bigcup_{i=1}^{\ell} V_i$ 和 $1 \leqslant t \leqslant s$，定义

$$\mathcal{F}_t(x) = \{F \setminus \{x\} : x \in F \in \mathcal{F}_t\}, \mathcal{F}_t(\overline{x}) = \{F : x \notin F \in \mathcal{F}_t\}$$

下面分 2 种情形讨论。

情形 1：存在 $r \in [s]$ 和 $i \in [\ell]$ 使得 $\mathcal{F}_1(\overline{v_{i,1}}), \cdots, \mathcal{F}_{r-1}(\overline{v_{i,1}}), \mathcal{F}_{r+1}(\overline{v_{i,1}}), \cdots, \mathcal{F}_s(\overline{v_{i,1}})$ 不包含彩色匹配。

根据归纳假设，存在 $t \in [s] \setminus \{r\}$ 使得

$$\left| \mathcal{F}_t(\overline{v_{i,1}}) \right| \leqslant \binom{n_i - 1}{k_i} \prod_{j \neq i} \binom{n_j}{k_j} - \min_{y_1 + \cdots + y_\ell = s-2} \binom{n_i - 1 - y_i}{k_i} \prod_{j \neq i} \binom{n_j - y_i}{k_j}$$

因此

$$|\mathcal{F}_t| = \left| \mathcal{F}_t(\overline{v_{i,1}}) \right| + \left| \mathcal{F}_t(v_{i,1}) \right|$$

$$\leqslant \binom{n_i - 1}{k_i} \prod_{j \neq i} \binom{n_j}{k_j} - \min_{y_1 + \cdots + y_\ell = s-2} \binom{n_i - 1 - y_i}{k_i} \prod_{j \neq i} \binom{n_j - y_i}{k_j} + \binom{n_i - 1}{k_i - 1} \prod_{j \neq i} \binom{n_j}{k_j}$$

$$= \prod_{j=1}^{\ell} \binom{n_j}{k_j} - \min_{y_1 + \cdots + y_\ell = s-2} \binom{n_i - 1 - y_i}{k_i} \prod_{j \neq i} \binom{n_j - y_i}{k_j}$$

$$\leqslant \prod_{j=1}^{\ell} \binom{n_j}{k_j} - \min_{y_1 + \cdots + y_\ell = s-1} \prod_{j=1}^{\ell} \binom{n_j - y_j}{k_j}$$

情形 2：对于所有 $r \in [s]$ 和 $i \in [\ell]$，$\mathcal{F}_1(\overline{v_{i,1}}), \cdots, \mathcal{F}_{r-1}(\overline{v_{i,1}}), \mathcal{F}_{r+1}(\overline{v_{i,1}}), \cdots, \mathcal{F}_s(\overline{v_{i,1}})$ 都包含彩色匹配。

设 M 是 $\mathcal{F}_1\left(\overline{v_{i,1}}\right),\cdots,\mathcal{F}_{r-1}\left(\overline{v_{i,1}}\right),\mathcal{F}_{r+1}\left(\overline{v_{i,1}}\right),\cdots,\mathcal{F}_s\left(\overline{v_{i,1}}\right)$ 中的一个彩色匹配，且 U 是 M 覆盖的顶点集合。由于 $\mathcal{F}_1,\mathcal{F}_2,\cdots,\mathcal{F}_s$ 不包含彩色匹配，$\mathcal{F}_r\left(v_{i,1}\right)$ 的每条边都与 U 相交，因此

$$\left|\mathcal{F}_r\left(v_{i,1}\right)\right| \leqslant \sum_{v\in U}\left|\mathcal{F}_r\left(\{v_{i,1},v\}\right)\right| \leqslant \sum_{p=1}^{\ell}\sum_{v\in U\cap V_p}\frac{k_i}{n_i}\frac{k_p}{n_p}\prod_{j=1}^{\ell}\binom{n_j}{k_j}$$

$$\leqslant \frac{(s-1)k_i}{n_i}\left(\sum_{p=1}^{\ell}\frac{k_p^2}{n_p}\right)\prod_{j=1}^{\ell}\binom{n_j}{k_j} \tag{5.14}$$

对于 $j\in\left[\ell\right]$，设 $S_j=\left\{v_{j,1},\cdots,v_{j,s}\right\}$，且 $S=\bigcup_{1\leqslant j\leqslant\ell}S_j$。回顾

$$\mathcal{F}_r\left(v_{i,s},S\right)=\left\{F\setminus\{v_{i,s}\}:F\in\mathcal{F}_r,F\bigcap S=\{v_{i,s}\}\right\}$$

定义

$$\mathcal{F}_r^+\left(v_{i,s},S\right)=\left\{E\bigcup\{u\}:E\in\mathcal{F}_r\left(v_{i,s},S\right),u\in V_i\setminus\left(S_i\bigcup E\right)\right\}$$

断言：存在 $t\in\left[s\right]$ 使得对于所有 $i\in\left[\ell\right]$，有

$$\left|\mathcal{F}_t^+\left(v_{i,s},S\right)\right| \leqslant \frac{6sk_1}{n_1}\prod_{1\leqslant j\leqslant\ell}\binom{n_j-s}{k_j} \tag{5.15}$$

断言的证明：假设对于所有 $t\in\left[s\right]$，存在 $i_t\in\left[\ell\right]$ 使得

$$\left|\mathcal{F}_t^+\left(v_{i_t,s},S\right)\right| > \frac{6sk_1}{n_1}\prod_{1\leqslant j\leqslant\ell}\binom{n_j-s}{k_j}$$

注意到

$$\mathcal{F}_t^+\left(v_{i,s},S\right)\subseteq \sqcup_{j=1}^{\ell}\binom{V_j\setminus S_j}{k_j}$$

根据引理 5.4，可以得出结论：$\mathcal{F}_1^+\left(v_{i_1,s},S\right),\cdots,\mathcal{F}_s^+\left(v_{i_s,s},S\right)$ 包含一个彩色匹配。设 $F_1\in$ $\mathcal{F}_1^+\left(v_{i_1,s},S\right),\cdots,F_s\in\mathcal{F}_s^+\left(v_{i_s,s},S\right)$ 是一个匹配。根据 $\mathcal{F}_t^+\left(v_{i_t,s},S\right)$ 的定义，存在 $E_1\subseteq F_1,\cdots,E_s\subseteq F_s$ 使得 $E_1\bigcup\{v_{i_1,s}\}\in\mathcal{F}_1,E_2\bigcup\{v_{i_2,s}\}\in\mathcal{F}_2,\cdots,E_s\bigcup\{v_{i_s,s}\}\in\mathcal{F}_s$。注意到 $\mathcal{F}_1,\cdots,\mathcal{F}_s$ 都是移位稳定的，因此 $E_1\bigcup\{v_{i_1,1}\}\in\mathcal{F}_1,E_2\bigcup\{v_{i_2,2}\}\in\mathcal{F}_2,\cdots,E_s\bigcup\{v_{i_s,s}\}\in\mathcal{F}_s$ 是一个彩色匹配，这与 $\mathcal{F}_1,\cdots,\mathcal{F}_s$ 不包含彩

色匹配的事实矛盾。断言得证。 □

根据断言，存在 $t \in [s]$ 使得对于所有 $i \in [\ell]$，式（5.15）成立。根据 $\mathcal{F}_t^+(v_{i,s}, S)$ 的定义，对于 $E \in \mathcal{F}_t(v_{i,s}, S)$，有 $|V_i \setminus (S_j \cup E)| = (n_i - s) - (k_i - 1)$ 种选择 u 的方式使得 $E \cup \{u\} \in \mathcal{F}_t^+(v_{i,s}, S)$。此外，对于 $F \in \mathcal{F}_t^+(v_{i,s}, S)$，有 $|F \cap (V_i \setminus S_j)| = k_i$。因此，最多有 k_i 个 $\mathcal{F}_t(v_{i,s}, S)$ 中的集合包含在 F 中。因此，有

$$\left|\mathcal{F}_t^+(v_{i,s}, S)\right| \geqslant \frac{n_i - s - k_i + 1}{k_i} \cdot \left|\mathcal{F}_t(v_{i,s}, S)\right| \tag{5.16}$$

由式（5.15）和式（5.16）可以得到对于 $i = 1, \cdots, \ell$，有

$$\left|\mathcal{F}_t(v_{i,s}, S)\right| \leqslant \frac{6sk_1k_i}{n_1(n_i - s - k_i + 1)} \prod_{1 \leqslant j \leqslant \ell} \binom{n_j}{k_j} \tag{5.17}$$

注意到 $\mathcal{F}_1, \cdots, \mathcal{F}_{t-1}, \mathcal{F}_{t+1}, \cdots, \mathcal{F}_s$ 包含一个彩色匹配。设 M' 是一个匹配，且 U' 是 M' 覆盖的顶点集合。根据移位稳定性，可以假设

$$U' = \bigcup_{i=1}^{\ell} \left\{v_{i,1}, \cdots, v_{i,(s-1)k_i}\right\}$$

由于 $\mathcal{F}_1, \cdots, \mathcal{F}_s$ 不包含彩色匹配，$\mathcal{F}_t$ 的每条边都与 U' 相交。注意到 $\mathcal{F}_t[v_{i,j}] = \{E \in \mathcal{F}_t(v_{i,j}) : E \cap \{v_{i,1}, v_{i,2}, \cdots, v_{i,j}\} = \varnothing\}$，且 $(\mathcal{F}_t[v_{i,j}])(\bar{S}) = \{E \in \mathcal{F}_t[v_{i,j}] : E \cap S = \varnothing\}$，因此

$$|\mathcal{F}_t| = \left|\{F \in \mathcal{F}_t : F \cap S \neq \varnothing\}\right| + \left|\{F \in \mathcal{F}_t : F \cap S = \varnothing\}\right|$$

$$\leqslant \sum_{i=1}^{\ell} \sum_{j=1}^{s} \left|\mathcal{F}_t[v_{i,j}]\right| + \sum_{i=1}^{\ell} \sum_{j=s+1}^{(s-1)k_i} \left|(\mathcal{F}_t[v_{i,j}])(\bar{S})\right|$$

根据移位稳定性，对于 $i = 1, \cdots, \ell$，当 $j \geqslant s$ 时，有 $(\mathcal{F}_t[v_{i,j}])(\bar{S}) \subseteq \mathcal{F}_t(v_{i,s}, S)$，且

$$\mathcal{F}_t[v_{i,1}] \supseteq \mathcal{F}_t[v_{i,2}] \supseteq \cdots \supseteq \mathcal{F}_t[v_{i,(s-1)k_i}]$$

因此

$$|\mathcal{F}_t| \leqslant \sum_{i=1}^{\ell} s\left|\mathcal{F}_t[v_{i,1}]\right| + \sum_{i=1}^{\ell} (k_i - 1)(s - 1)\left|\mathcal{F}_t(v_{i,s}, S)\right| \tag{5.18}$$

注意到 $\mathcal{F}_t[v_{i,1}] = \mathcal{F}_t(v_{i,1})$。将式（5.14）和式（5.17）代入式（5.18），我们得到

$$|\mathcal{F}_t| \leqslant \sum_{i=1}^{\ell}\left(s(s-1)\left(\sum_{p=1}^{\ell}\frac{k_p^2}{n_p}\right)\frac{k_i}{n_i}\prod_{j=1}^{\ell}\binom{n_j}{k_j} + 6s(s-1)\frac{k_i(k_i-1)}{n_i-s-k_i+1}\frac{k_1}{n_1}\prod_{j=1}^{\ell}\binom{n_j}{k_j}\right)$$

由于 $\dfrac{k_i}{n_i}\leqslant\dfrac{k_1}{n_1}$，有

$$|\mathcal{F}_t| \leqslant \frac{k_1}{n_1}\prod_{j=1}^{\ell}\binom{n_j}{k_j}\sum_{i=1}^{\ell}\left(s(s-1)\sum_{p=1}^{\ell}\frac{k_p^2}{n_p} + 6s(s-1)\frac{k_i(k_i-1)}{n_i-s-k_i+1}\right)$$

由于 $n_i \geqslant 8\ell^2 k_i^2 s$ 且 $\ell\geqslant 2$，有

$$\sum_{i=1}^{\ell}\left(s(s-1)\sum_{p=1}^{\ell}\frac{k_p^2}{n_p}\right) = \frac{s(s-1)\ell^2}{8\ell^2 s} \leqslant \frac{s-1}{8}$$

同时有

$$\sum_{i=1}^{\ell}\frac{6s(s-1)k_i(k_i-1)}{n_i-s-k_i+1} \leqslant \sum_{i=1}^{\ell}\frac{6s(s-1)k_i(k_i-1)}{16\ell k_i(k_i-1)s+16\ell k_i s-s-k_i+1} \leqslant \frac{3(s-1)}{8}$$

此外，$\dfrac{k_i}{n_i}\leqslant\dfrac{k_1}{n_1}$。我们还需要用到以下不等式，对于 $n\geqslant(2s+1)k$，有

$$\frac{\dbinom{n-s}{k}}{\dbinom{n}{k}} \geqslant \left(1-\frac{s}{n-k}\right)^k \geqslant 1-\frac{ks}{n-k} \geqslant \frac{1}{2} \tag{5.19}$$

根据式（5.19），我们得到

$$|\mathcal{F}_t| \leqslant \frac{(s-1)}{2}\binom{n_1-1}{k_1-1}\prod_{j=2}^{\ell}\binom{n_j}{k_j}$$

$$\leqslant (s-1)\binom{n_1-s+1}{k_1-1}\prod_{j=2}^{\ell}\binom{n_j}{k_j}$$

$$\leqslant \left(\binom{n_1}{k_1}-\binom{n_1-s+1}{k_1-1}\right)\prod_{j=2}^{\ell}\binom{n_j}{k_j}$$

引理 5.6 得证。 ∎

定理 5.6 的证明： 根据引理 5.6，我们只需证明

$$\min_{x_1+\cdots+x_\ell=s}\prod_{i=1}^{\ell}\binom{n_i-x_i}{k_i}=\min_{1\leqslant i\leqslant \ell}\binom{n_i-s}{k_i}\prod_{j\neq i}\binom{n_j}{k_j} \qquad (5.20)$$

设

$$f(x)=\binom{n_i-x}{k_i}\binom{n_j-c+x}{k_j}$$

计算其导数，有

$$f'(x)=\binom{n_i-x}{k_i}\binom{n_j-c+x}{k_j}\left(\sum_{q=0}^{k_j-1}\frac{1}{n_j-c-x-q}-\sum_{p=0}^{k_i-1}\frac{1}{n_i-x-p}\right)$$

设

$$g(x)=\sum_{q=0}^{k_j-1}\frac{1}{n_j-c-x-q}-\sum_{p=0}^{k_i-1}\frac{1}{n_i-x-p}$$

容易看出，$g(x)$ 在 $\left[k_j-n_j+c, n_i-k_i\right]$ 内是单调递减函数。此外，有

$$g\left(k_j-n_j+c\right)=\sum_{q=0}^{k_j-1}\frac{1}{k_j-q}-\sum_{p=0}^{k_i-1}\frac{1}{n_i-p+n_j-k_j+c}>1-\frac{k_i}{n_i-k_i}>0$$

且

$$g\left(n_i-k_i\right)=\sum_{q=0}^{k_j-1}\frac{1}{n_i-c+n_i-k_i-q}-\sum_{p=0}^{k_i-1}\frac{1}{k_i-p}<\frac{k_j}{n_j-k_j}-1<0$$

设 x_0 是 $g(x)$ 在 $[k_j - n_j + c, n_i - k_i]$ 内的唯一零点，则 $f(x)$ 在 $[k_j - n_j + c, x_0]$ 内严格递增，在 $[x_0, n_i - k_i]$ 内严格递减。于是，对于 $x \in [0, c]$，有

$$f(x) \geqslant \min \left\{ \binom{n_i - c}{k_i} \binom{n_j}{k_j}, \binom{n_i}{k_i} \binom{n_j - c}{k_j} \right\}$$

所以式（5.20）成立，从而定理 5.6 得证。　　　　　　　　　　　　　□

第 6 章　超图匹配问题

6.1　弗兰克尔匹配定理的证明

给定 k-一致超图 $\mathcal{H}$，定义 $\mathcal{H}$ 的**匹配数** $\nu(\mathcal{H})$ 是 $\mathcal{H}$ 中两两不相交的边的最大数量。1965 年，保罗·埃尔德什提出了著名的埃尔德什匹配猜想，这一猜想至今仍然是极值集合论中最重要的猜想之一。

> **猜想 6.1（埃尔德什匹配猜想[58]）**　令 $\mathcal{H} \subseteq \begin{bmatrix} [n] \\ k \end{bmatrix}$ 是一个满足 $\nu(\mathcal{H}) = s$ 的超图，$n \geqslant (s+1)k$，那么
>
> $$|\mathcal{H}| \leqslant \max\left\{ \binom{k(s+1)-1}{k}, \binom{n}{k} - \binom{n-s}{k} \right\}$$

这里的一个极图是有 $k(s+1)-1$ 个点的完全 k-一致集族 $\begin{bmatrix} \left[k(s+1)-1 \right] \\ k \end{bmatrix}$；另一个极图通常被称为埃尔德什集族 $\mathcal{E}_k(n,s)$，其定义为 $\mathcal{E}_k(n,s) = \left\{ S \in \begin{bmatrix} [n] \\ k \end{bmatrix} : S \cap [s] \neq \varnothing \right\}$，其中

$$\left| \mathcal{E}_k(n,s) \right| = \binom{n}{k} - \binom{n-s}{k}$$

2013 年，彼得·弗兰克尔证明了下面的定理。

> **定理 6.1（弗兰克尔匹配定理[59]）**　令 $\mathcal{F} \subseteq \begin{bmatrix} [n] \\ k \end{bmatrix}$，若 $\nu(\mathcal{F}) = s$ 且 $n \geqslant (2s+1)k - s$，则有
>
> $$|\mathcal{F}| \leqslant \binom{n}{k} - \binom{n-s}{k}$$
>
> 当且仅当 $\mathcal{F}$ 同构于 $\mathcal{E}_k(n,s)$ 时等号成立。

为了证明定理 6.1，彼得·弗兰克尔证明了卡托纳相交影子定理的如下推广形式。

定理 6.2[59]　若 $\mathcal{F} \subseteq \dbinom{[n]}{k}$ 满足 $\nu(\mathcal{F}) = s$，则 $s|\partial\mathcal{F}| \geqslant |\mathcal{F}|$。

证明： 由于移位运算不会增加集族的匹配数，也不会增加影子的个数，因此可以假设 $\mathcal{F}$ 是移位稳定的。我们先证明结论对于 $n \leqslant k(s+1) - 1$ 成立。此时建立二部图 $G(\mathcal{F}, \partial\mathcal{F})$，对于 $E \in \partial\mathcal{F}, F \in \mathcal{F}$，当且仅当 $E \subseteq F$ 时 (E, F) 构成一条边。于是 $\mathcal{F}$ 中每个点的度为 k，$\partial\mathcal{F}$ 中每个顶点的度最大为 $n - k + 1$。所以

$$k|\mathcal{F}| \leqslant (n - k + 1)|\partial\mathcal{F}| \leqslant ks|\partial\mathcal{F}|$$

从而结论成立。

下面考虑 $n \geqslant k(s+1)$ 的情况，假设结论对于 $(n-1, k)$ 和 $(n-1, k-1)$ 成立。我们考虑

$$\mathcal{F}(\bar{n}) = \{F \in \mathcal{F} : n \notin F\}, \quad \mathcal{F}(n) = \{F \setminus \{n\} : n \in F \in \mathcal{F}\}$$

显然 $\nu(\mathcal{F}(\bar{n})) \leqslant s$，根据归纳假设有 $|\mathcal{F}(\bar{n})| \leqslant s|\partial\mathcal{F}(\bar{n})|$。另外，我们需要证明 $\nu(\mathcal{F}(n)) \leqslant s$。若 $\mathcal{F}(n)$ 中存在一个大小为 $s+1$ 的匹配 $E_1, \cdots, E_{s+1}$，那么因为 $n \geqslant k(s+1) \geqslant (k-1)(s+1) + s + 1$，所以存在 $x_1, \cdots, x_{s+1} \in [n]$ 且 $x_i \notin \bigcup_{i=1}^{s+1} E_i$。因此

$$E_1 \bigcup \{x_1\}, \cdots, E_{s+1} \bigcup \{x_{s+1}\}$$

形成 $\mathcal{F}$ 的一个大小为 $s+1$ 的匹配，与 $\nu(\mathcal{F}) = s$ 矛盾。故 $\nu(\mathcal{F}(n)) \leqslant s$，从而根据归纳假设，有

$$|\mathcal{F}(n)| \leqslant s|\partial\mathcal{F}(n)|$$

因此

$$|\mathcal{F}| = |\mathcal{F}(n)| + |\mathcal{F}(\bar{n})| \leqslant s|\partial\mathcal{F}(n)| + s|\partial\mathcal{F}(\bar{n})| \leqslant s|\partial\mathcal{F}|$$

定理 6.2 得证。　□

定理 6.2 中的结论是最优可能的，显然有

$$s\left|\partial\left(\dbinom{[k(s+1)-1]}{k}\right)\right| = s\dbinom{k(s+1)-1}{k-1} = \dbinom{k(s+1)-1}{k} = \left|\dbinom{[k(s+1)-1]}{k}\right|$$

定理 6.3（柯尼希-霍尔定理） 令 G 是一个满足 $\nu(G)=s$ 的二部图，则存在一个满足 $|T|=s$ 的顶点覆盖集合 T。

如果 $\mathcal{F}_1 \supseteq \mathcal{F}_2 \supseteq \cdots \supseteq \mathcal{F}_{s+1}$，则称集族 $\mathcal{F}_1, \mathcal{F}_2, \cdots, \mathcal{F}_{s+1}$ 是**嵌套**的集族。如果不存在两两不相交的集合 $F_1 \in \mathcal{F}_1, F_2 \in \mathcal{F}_2, \cdots, F_{s+1} \in \mathcal{F}_{s+1}$，则称 $\mathcal{F}_1, \mathcal{F}_2, \cdots, \mathcal{F}_{s+1}$ 是**彩色匹配禁止**的。

定理 6.4[59] 令 $\mathcal{F}_1, \mathcal{F}_2, \cdots, \mathcal{F}_{s+1} \subseteq \binom{Y}{\ell}$ 是一组嵌套的、彩色匹配禁止的集族，$|Y| \geq t\ell$。假设 $t \geq 2s+1$，则

$$|\mathcal{F}_1| + |\mathcal{F}_2| + \cdots + (s+1)|\mathcal{F}_{s+1}| \leq s\binom{|Y|}{\ell}$$

证明： 我们随机地（按照均匀分布）选出 t 个两两不相交的集合 $B_1, \cdots, B_t \in \binom{Y}{\ell}$，定义

$$\mathcal{B} = \{B_1, \cdots, B_t\}$$

由于

$$Pr\left(B_j \in \mathcal{F}_i\right) = \frac{|\mathcal{F}_i|}{\binom{|Y|}{\ell}}$$

所以 $|\mathcal{B} \cap \mathcal{F}_i|$ 期望的大小是 $\dfrac{t|\mathcal{F}_i|}{\binom{|Y|}{\ell}}$。

断言： 对于任意选择的 $\mathcal{B}$，有

$$\left|\mathcal{B} \cap \mathcal{F}_1\right| + \cdots + \left|\mathcal{B} \cap \mathcal{F}_s\right| + (s+1)\left|\mathcal{B} \cap \mathcal{F}_{s+1}\right| \leq st$$

断言的证明： 考虑一个二部图 G，其两个部集分别为 $\mathcal{B}$ 和 $\{\mathcal{F}_1, \mathcal{F}_2, \cdots, \mathcal{F}_{s+1}\}$。如果 $B_i \in \mathcal{F}_j$，那么 $(B_i, \mathcal{F}_j)$ 构成一条边。由于 $\mathcal{F}_1, \mathcal{F}_2, \cdots, \mathcal{F}_{s+1}$ 是彩色匹配禁止的，因此图 G 的最大匹配的大小最大为 s。根据柯尼希-霍尔定理，我们可以找到顶点覆盖集合 T 满足 $|T|=s$，即 G 的每条边都与 T 中某个点关联。

假设 T 中有 x 个元素在 $\mathcal{B}$ 中，$s-x$ 个元素在 $\{\mathcal{F}_1, \mathcal{F}_2, \cdots, \mathcal{F}_{s+1}\}$ 中。我们估计 G 中的边的总数。因为每个 $\mathcal{F}_i$ 至多关联 t 条边，所以 $s-x$ 个元素至多关联 $(s-x)t$ 条边。另外，$\mathcal{B}$ 中的 x 个元素每个至多关联 $(s+1)-(s-x)=x+1$ 个额外的顶点。故

$$e(G) \leq (s-x)t + x(x+1) = x^2 - (t-1)x + st$$

假设 $|\mathcal{B} \cap \mathcal{F}_{s+1}| = b$。注意到，对于任意的 $B_i \in \mathcal{B} \cap \mathcal{F}_{s+1}$，由于 $\mathcal{F}_1, \mathcal{F}_2, \cdots, \mathcal{F}_{s+1}$ 是一组嵌套的集族，因此 $B_i \in \mathcal{F}_j$ 对于任意的 $j = 1, 2, \cdots, s+1$ 成立。也就是说 B_i 在图 G 中的度是 $s+1$，B_i 必然在 T 中，从而 $b \leqslant x \leqslant s$，因此

$$e(G) \leqslant |\mathcal{B} \cap \mathcal{F}_1| + \cdots + |\mathcal{B} \cap \mathcal{F}_{s+1}| \leqslant \max\left\{ b^2 - (t-1)b + st, s^2 - (t-1)s + st \right\}$$

因为 $t \geqslant 2s+1$，所以

$$|\mathcal{B} \cap \mathcal{F}_1| + \cdots + (s+1)|\mathcal{B} \cap \mathcal{F}_{s+1}| \leqslant \max\left\{ b^2 - (t-1)b + sb + st, s^2 - (t-1)s + sb + st \right\}$$

$$= st + \max\left\{ b(b - t + 1 + s), s(s - t + 1 + b) \right\}$$

$$\leqslant st$$

断言得证。 $\qquad\qquad\qquad\qquad\qquad\qquad\qquad\qquad\qquad\qquad\qquad\qquad\qquad\qquad\qquad$ □

断言对于所有可能的 $\mathcal{B}$ 都成立，同样地对于期望也成立，也就是说

$$\frac{t|\mathcal{F}_1|}{\binom{|Y|}{\ell}} + \cdots + \frac{t|\mathcal{F}_s|}{\binom{|Y|}{\ell}} + (s+1)\frac{t|\mathcal{F}_{s+1}|}{\binom{|Y|}{\ell}} \leqslant ts$$

等价地，有

$$|\mathcal{F}_1| + \cdots + |\mathcal{F}_s| + (s+1)|\mathcal{F}_{s+1}| \leqslant s\binom{|Y|}{\ell}$$

定理 6.4 得证。 $\qquad\qquad\qquad\qquad\qquad\qquad\qquad\qquad\qquad\qquad\qquad\qquad\qquad\qquad\qquad\qquad$ ■

定理 6.1 的证明：令 $\mathcal{F}$ 是一个移位稳定的集族，$\nu(\mathcal{F}) = s$，$n \geqslant (2s+1)k - s$。我们需要证明 $|\mathcal{F}| \leqslant \binom{n}{k} - \binom{n-s}{k}$。为了方便，我们令 $\mathcal{A} = \mathcal{E}_k(n, s)$。对于子集 $Q \subseteq [s+1]$，定义

$$\mathcal{F}(Q) = \{F \in \mathcal{F} : F \cap [s+1] = Q\}, \mathcal{A}(Q) = \{A \in \mathcal{A} : A \cap [s+1] = Q\}$$

注意到当 $|Q| \geqslant 2$ 时，$|\mathcal{A}(Q)| = \binom{n-s-1}{k-|Q|}$，从而 $|\mathcal{F}(Q)| \leqslant |\mathcal{A}(Q)|$ 显然成立。对于 $1 \leqslant i \leqslant s$，有 $|\mathcal{A}(\{i\})| = \binom{n-s-1}{k-1}$。同时，$|\mathcal{A}(\{s+1\})| = |\mathcal{A}(\varnothing)| = 0$。因此，我们只需证明

$$|\mathcal{F}(\varnothing)| + \sum_{1 \leqslant i \leqslant s+1} |\mathcal{F}(\{i\})| \leqslant s\binom{n-s-1}{k-1}$$

为此，我们证明

$$\left|\mathcal{F}(\varnothing)\right| \leqslant s\left|\mathcal{F}(\{s+1\})\right|$$

事实上, 对于任意的 $H \in \partial\mathcal{F}(\varnothing)$, 必然有 $H \cup \{s+1\} \in \mathcal{F}(\{s+1\})$, 从而 $\left|\partial\mathcal{F}(\varnothing)\right| \leqslant \left|\mathcal{F}(\{s+1\})\right|$。根据定理 6.2, 有

$$\left|\mathcal{F}(\varnothing)\right| \leqslant s\left|\partial\mathcal{F}(\varnothing)\right| \leqslant s\left|\mathcal{F}(\{s+1\})\right|$$

令

$$\mathcal{F}_i = \left\{F \backslash \{i\} : F \in \mathcal{F}(\{i\})\right\}$$

由于 $\mathcal{F}$ 是移位稳定的, 所以 $\mathcal{F}_1, \mathcal{F}_2, \cdots, \mathcal{F}_{s+1}$ 不但是嵌套的, 而且是彩色匹配禁止的。令

$$\ell = k-1, Y = [s+1, n], |Y| = n-s-1 \geqslant (2s+1)(k-1)$$

对于 $t = 2s+1$, 定理 6.4 的条件均满足。从而

$$\sum_{1 \leqslant i \leqslant s+1}\left|\mathcal{F}(\{i\})\right| + (s+1)\left|\mathcal{F}(\{s+1\})\right| \leqslant s\binom{n-s-1}{k-1}$$

定理 6.1 得证。

若上式等号成立, 则 $\mathcal{F}(\varnothing) = \varnothing$, 从而 $\mathcal{F}(\{s+1\}) = \varnothing$, 最终导致 $\mathcal{F} = \mathcal{A}$。 $\quad\square$

6.2 给定最小正协度的相交集族

本节首先介绍一个关于给定匹配数的 k-一致超图中的 $k+1$ 团个数的结论, 然后应用这一结论证明一个给定最小正协度的最大相交集族的定理。

给定一个 ℓ-一致超图 $\mathcal{H}$, 定义 $\mathcal{H}$ 的**团集族**

$$\mathcal{K}(\mathcal{H}) = \left\{K : |K| = \ell+1, \binom{K}{\ell} \subseteq \mathcal{H}\right\}$$

注意到

$$\mathcal{K}(\mathcal{E}_k(n, s)) = \left\{K \in \binom{[n]}{k+1} : |K \cap [s]| \geqslant 2\right\}$$

定理 6.5[60] 令 $\mathcal{F} \subseteq \begin{bmatrix} [n] \\ k \end{bmatrix}$ 是一个 $\nu(\mathcal{F}) \leqslant s$ 的集族，如果 $n \geqslant 5sk + 13k$ 且 $s \geqslant 3$，则

$$|\mathcal{K}(\mathcal{F})| \leqslant |\mathcal{K}(\mathcal{E}_k(n,s))|$$

此外，在同构意义下当且仅当 $\mathcal{F} = \mathcal{E}_k(n,s)$ 时等号成立。

引理 6.1[60] 设 $\mathcal{F}_0 \subseteq \mathcal{F}_1 \subseteq \cdots \subseteq \mathcal{F}_s \subseteq \begin{pmatrix} Y \\ \ell \end{pmatrix}$ 是一组彩色匹配禁止的集族，且 $p_0 \geqslant p_1 \geqslant \cdots \geqslant p_s$ 是正实数，定义

$$d_p = \frac{s(p_0 + p_1 + \cdots + p_s)}{p_1 + \cdots + p_s}$$

如果 $|Y| \geqslant (d_p + 1)\ell$，则有

$$\sum_{0 \leqslant i \leqslant s} p_i |\mathcal{F}_i| \leqslant (p_1 + \cdots + p_s)\begin{pmatrix} |Y| \\ \ell \end{pmatrix} \tag{6.1}$$

式（6.1）中当且仅当 $\mathcal{F}_1 = \cdots = \mathcal{F}_s = \begin{pmatrix} Y \\ \ell \end{pmatrix}$ 且 $\mathcal{F}_0 = \varnothing$ 时等号成立。

证明： 设 $\mathcal{F}_0 \subseteq \mathcal{F}_1 \subseteq \cdots \subseteq \mathcal{F}_s \subseteq \begin{pmatrix} Y \\ \ell \end{pmatrix}$ 是一组彩色匹配禁止的集族，令

$$t = \frac{|Y|}{\ell} \geqslant d_p + 1 \geqslant s + 1$$

从 $\begin{pmatrix} Y \\ \ell \end{pmatrix}$ 中随机选择一个匹配 $F_1, \cdots, F_t$。考虑一个加权二分图 G，其两个部集分别为 $\{F_1, F_2, \cdots, F_t\}$ 和 $\{\mathcal{F}_0, \mathcal{F}_1, \cdots, \mathcal{F}_s\}$，其中边 $(F_i, \mathcal{F}_j)$ 存在当且仅当 $F_i \in \mathcal{F}_j$，且定义这条边的权重为 p_j。

由于 $\mathcal{F}_0 \subseteq \mathcal{F}_1 \subseteq \cdots \subseteq \mathcal{F}_s \subseteq \begin{pmatrix} Y \\ \ell \end{pmatrix}$ 是彩色匹配禁止的，可知 G 的匹配数最多为 s。根据柯尼希-霍尔定理，我们可以找到 s 个顶点覆盖二部图 G 的所有边。设 $F_1, \cdots, F_q$ 是从随机匹配中选择的覆盖集合的顶点，而 $\mathcal{F}_{q+1}, \cdots, \mathcal{F}_s$ 是从集族中选择的剩余 $s - q$ 个顶点。由于 F_i 覆盖的边的总权重最大为 $p_0 + \cdots + p_s$，$\mathcal{F}_j$ 覆盖的边的总权重最大为 tp_j，因此 G 中边的总权重最大为

$$q(p_0 + \cdots + p_s) + t(p_{q+1} + \cdots + p_s)$$
$$= t(p_1 + \cdots + p_s) - t(p_1 + \cdots + p_q) + q(p_0 + \cdots + p_s) \tag{6.2}$$

注意到 $p_1 \geqslant \cdots \geqslant p_s$，意味着

$$\frac{i+1}{p_1+\cdots+p_{i+1}} \geqslant \frac{i}{p_1+\cdots+p_i}$$

因此

$$\frac{q}{p_1+\cdots+p_q}(p_0+\cdots+p_s) \leqslant \frac{s}{p_1+\cdots+p_s}(p_0+\cdots+p_s)=d_p < t \qquad (6.3)$$

根据式（6.2）和式（6.3），G 中边的总权重最大为 $t(p_1+\cdots+p_s)$。由于概率

$$P_r(F_i \in \mathcal{F}_j)=\frac{|\mathcal{F}_j|}{\binom{|Y|}{\ell}}$$

因此图 G 中边的总权重的期望为 $\sum_{j=0}^{s} t p_j \dfrac{|\mathcal{F}_j|}{\binom{|Y|}{\ell}}$。故式（6.1）成立。在等号成立的情况下，

$q=0$。那么，对于 Y 中的每个 t-匹配 $F_1,F_2,\cdots,F_t$，$\mathcal{F}_0$ 的度为 0，而 $\mathcal{F}_i$ 的度为 t，其中 $i=1,\cdots,s$。

因此，当且仅当 $\mathcal{F}_1=\cdots=\mathcal{F}_s=\binom{Y}{\ell}$ 且 $\mathcal{F}_0=\varnothing$ 时等号成立。引理 6.1 得证。 $\qquad \square$

为了证明定理 6.5，我们还需要知道下面的命题。

命题 6.1[60] 对于 $\mathcal{F} \subseteq \binom{[n]}{k}$ 和 $1 \leqslant i < j \leqslant n$，有 $\left|\mathcal{K}(S_{ij}(\mathcal{F}))\right| \geqslant \left|\mathcal{K}(\mathcal{F})\right|$。

证明： 我们通过定义一个从 $\mathcal{K}(\mathcal{F}) \backslash \mathcal{K}(S_{ij}(\mathcal{F}))$ 到 $\mathcal{K}(S_{ij}(\mathcal{F})) \backslash \mathcal{K}(\mathcal{F})$ 的单射 σ 来证明该命题。设 $K \in \mathcal{K}(\mathcal{F}) \backslash \mathcal{K}(S_{ij}(\mathcal{F}))$，显然 $j \in K$ 且 $i \notin K$，我们定义 $\sigma(K)=K'=(K \backslash \{j\}) \cup \{i\}$。我们通过验证 $K' \in \mathcal{K}(S_{ij}(\mathcal{F})) \backslash \mathcal{K}(\mathcal{F})$ 来证明 σ 是良定义的。假设 $K' \notin \mathcal{K}(S_{ij}(\mathcal{F}))$，则有 $F' \in \binom{K'}{k}$ 是一条不在 $S_{ij}(\mathcal{F})$ 中的边。如果 $i \notin F'$，则 $F'=K \backslash \{j\}$，且 $S_{ij}(F')=F'$，这意味着 $F' \in S_{ij}(\mathcal{F})$，与假设 F' 是一条不在 $S_{ij}(\mathcal{F})$ 中的边矛盾。如果 $i \in F'$，由于 $K \in \mathcal{K}(\mathcal{F})$，则 $F=(F' \backslash \{i\}) \cup \{j\} \subseteq K$ 是 $\mathcal{F}$ 的一条边。因此，在移位之后，有 $F' \in S_{ij}(\mathcal{F})$，与假设 $F' \notin S_{ij}(\mathcal{F})$ 矛盾。这表明 $K' \in \mathcal{K}(S_{ij}(\mathcal{F}))$。另外，如果 $K' \in \mathcal{K}(\mathcal{F})$，则 $K \in \mathcal{K}(\mathcal{F})$ 意味着 $K \in \mathcal{K}(S_{ij}(\mathcal{F}))$，这与假设 $K \notin \mathcal{K}(S_{ij}(\mathcal{F}))$ 矛盾。因此 $K' \in \mathcal{K}(S_{ij}(\mathcal{F})) \backslash \mathcal{K}(\mathcal{F})$ 且 σ 确实是从 $\mathcal{K}(\mathcal{F}) \backslash \mathcal{K}(S_{ij}(\mathcal{F}))$ 到 $\mathcal{K}(S_{ij}(\mathcal{F})) \backslash \mathcal{K}(\mathcal{F})$ 的映射。显然，σ 是单射，命题 6.1 得证。 $\qquad \square$

定理 6.5 的证明： 由于移位运算不会增加匹配数，也不会减小 $\mathcal{K}(\mathcal{F})$ 的大小，因此我们可以假设 $\mathcal{F}$ 是移位稳定的。设 $\mathcal{K} = \mathcal{K}(\mathcal{F})$ 和 $\mathcal{K}^* = \mathcal{K}\big(\mathcal{E}_k(n,s)\big)$，对于任意子集 $S \subseteq [s+1]$ 和集族 $\mathcal{H} \subseteq \begin{pmatrix} [n] \\ h \end{pmatrix}$，定义

$$\mathcal{H}(S) = \Big\{ H \setminus [s+1] : H \in \mathcal{H}, H \bigcap [s+1] = S \Big\}$$

显然 $\mathcal{H}(S) \subseteq \begin{pmatrix} [s+2,n] \\ h-|S| \end{pmatrix}$。

对于 $|S| \geqslant 3$，有 $\mathcal{K}^*(S) = \begin{pmatrix} [s+2,n] \\ k+1-|S| \end{pmatrix}$，因此

$$\sum_{S \subseteq [s+1], |S| \geqslant 3} |\mathcal{K}(S)| \leqslant \sum_{S \subseteq [s+1], |S| \geqslant 3} |\mathcal{K}^*(S)| \tag{6.4}$$

下面我们将对所有 $S \subseteq [s+1]$ 且 $|S| \leqslant 2$ 时的 $|\mathcal{K}(S)|$ 与 $|\mathcal{K}^*(S)|$ 进行比较。

断言： 对于 $i = 1, 2, \cdots, s+1$，有 $\mathcal{K}(\{i\}) = \mathcal{F}(\varnothing)$，并且对于所有 $1 \leqslant i < j \leqslant s+1$，有 $\mathcal{K}(\{i,j\}) = \mathcal{F}(j)$。

断言的证明： $F \in \mathcal{K}(\{i\}), F \bigcup \{i\} \in \mathcal{K}$ 意味着 $F \in \mathcal{F}(\varnothing)$，从而 $\mathcal{K}(\{i\}) \subseteq \mathcal{F}(\varnothing)$。设 $F \in \mathcal{F}(\varnothing)$，对每个 $x \in F$ 都有 $x \geqslant s+2 > i$，根据移位稳定性，$(F \setminus \{x\}) \bigcup \{i\} \in \mathcal{F}$。因此，$\begin{pmatrix} F \bigcup \{i\} \\ k \end{pmatrix} \subseteq \mathcal{F}$ 且 $F \bigcup \{i\} \in \mathcal{K}$，从而 $F \in \mathcal{K}(\{i\})$。故 $\mathcal{K}(\{i\}) = \mathcal{F}(\varnothing)$。

对于任意 $E \in \mathcal{K}(\{i,j\})$，有 $\begin{pmatrix} E \bigcup \{i,j\} \\ k \end{pmatrix} \subseteq \mathcal{F}$，这意味着 $E \bigcup \{j\} \in \mathcal{F}$，因此 $E \in \mathcal{F}(\{j\})$。设 $E \in \mathcal{F}(\{j\})$，根据移位稳定性和 $i < j$，有 $E \bigcup \{i\} \in \mathcal{F}$。此外，对于每个 $x \in E$，$E \bigcup \{i,j\} \setminus \{x\}$ $\in \mathcal{F}$。也就是说，$\begin{pmatrix} F \bigcup \{i,j\} \\ k \end{pmatrix} \subseteq \mathcal{F}$ 且 $E \bigcup \{i,j\} \in \mathcal{K}$，即 $E \in \mathcal{K}(\{i,j\})$。因此，$\mathcal{K}(\{i,j\}) = \mathcal{F}(j)$。 $\qquad\square$

注意到，对于任意 $K \in \mathcal{K}(\varnothing)$，有 $\begin{pmatrix} K \\ k \end{pmatrix} \subseteq \mathcal{F}(\varnothing)$。因此，$\partial \mathcal{K}(\varnothing) \subseteq \mathcal{F}(\varnothing)$。由于 $\nu(\mathcal{K}(\varnothing)) \leqslant s$，根据定理 6.2 可得

$$s|\mathcal{F}(\varnothing)| \geqslant s|\partial \mathcal{K}(\varnothing)| \geqslant |\mathcal{K}(\varnothing)| \tag{6.5}$$

根据断言，有

$$\sum_{1 \leqslant i \leqslant s+1} \left| \mathcal{K}(\{i\}) \right| = (s+1) \left| \mathcal{F}(\varnothing) \right|$$

$$\sum_{1 \leqslant i < j \leqslant s+1} \left| \mathcal{K}(\{i,j\}) \right| = \sum_{2 \leqslant j \leqslant s+1} (j-1) \left| \mathcal{F}(j) \right|$$

因此

$$\sum_{S \in [n], |S| \leqslant 2} \left| \mathcal{K}(S) \right| = \left| \mathcal{K}(\varnothing) \right| + \sum_{1 \leqslant i \leqslant s+1} \left| \mathcal{K}(\{i\}) \right| + \sum_{1 \leqslant i < j \leqslant s+1} \left| \mathcal{K}(\{i,j\}) \right|$$

$$\leqslant s \left| \mathcal{F}(\varnothing) \right| + (s+1) \left| \mathcal{F}(\varnothing) \right| + \sum_{2 \leqslant j \leqslant s+1} (j-1) \left| \mathcal{F}(j) \right|$$

$$\leqslant (2s+1) \left| \mathcal{F}(\varnothing) \right| + \sum_{2 \leqslant j \leqslant s+1} (j-1) \left| \mathcal{F}(j) \right| \qquad (6.6)$$

根据移位稳定性，可知 $\partial \mathcal{F}(\varnothing) \subseteq \mathcal{F}(\{s+1\})$。根据定理 6.2，我们推断出

$$s \left| \mathcal{F}(\{s+1\}) \right| \geqslant s \left| \partial \mathcal{F}(\varnothing) \right| \geqslant \left| \mathcal{F}(\varnothing) \right| \qquad (6.7)$$

将式（6.7）代入式（6.6），我们得到

$$\sum_{S \in [n], |S| \leqslant 2} \left| \mathcal{K}(S) \right| \leqslant \sum_{2 \leqslant j \leqslant s} (j-1) \left| \mathcal{F}(j) \right| + s \left| \mathcal{F}(\{s+1\}) \right| + (2s+1)s \left| \mathcal{F}(\{s+1\}) \right|$$

$$= \left| \mathcal{F}(\{2\}) \right| + \sum_{3 \leqslant j \leqslant s} (j-1) \left| \mathcal{F}(j) \right| + 2s(s+1) \left| \mathcal{F}(\{s+1\}) \right|$$

$$\leqslant \frac{1}{2} \left| \mathcal{F}(\{1\}) \right| + \frac{1}{2} \left| \mathcal{F}(\{2\}) \right| + \sum_{3 \leqslant j \leqslant s} (j-1) \left| \mathcal{F}(j) \right| + 2s(s+1) \left| \mathcal{F}(\{s+1\}) \right|$$

根据移位稳定性，$\mathcal{F}(\{1\}) \subseteq \cdots \subseteq \mathcal{F}(\{s+1\})$ 是彩色匹配禁止的集族，设

$$\mathcal{F}_0 = \mathcal{F}(\{s+1\}), \mathcal{F}_1 = \mathcal{F}(\{s\}), \cdots, \mathcal{F}_{s-2} = \mathcal{F}(\{3\}), \mathcal{F}_{s-1} = \mathcal{F}(\{2\}), \mathcal{F}_s = \mathcal{F}(\{1\})$$

$$p_0 = 2s(s+1), p_1 = s-1, \cdots, p_{s-2} = 2, p_{s-1} = \frac{1}{2}, p_s = \frac{1}{2}$$

$p_0 \geqslant p_1 \geqslant \cdots \geqslant p_s$，当 $s \geqslant 3$ 时，有

$$d_p = \frac{s(p_0 + p_1 + \cdots + p_s)}{(p_1 + \cdots + p_s)} = \frac{4s(s+1) + s(s-1)}{s-1} = 5s + 8 + \frac{8}{s-1} \leqslant 5s + 12$$

根据引理 6.1，对于 $n-s-1 \geqslant (5s+13)(k-1) \geqslant (d_p+1)(k-1)$，有

$$\sum_{S \subseteq [s+1], |S| \leqslant 2} \left| \mathcal{K}(S) \right| \leqslant (p_1 + \cdots + p_s)\binom{n-s-1}{k-1}$$

$$= \binom{s}{2}\binom{n-s-1}{k-1}$$

$$= \sum_{S \subseteq [s+1], |S| \leqslant 2} \left| \mathcal{K}^*(S) \right| \tag{6.8}$$

将式（6.4）和式（6.8）相加，我们得出结论

$$\left| \mathcal{K}(\mathcal{F}) \right| = \sum_{S \subseteq [s+1]} \left| \mathcal{K}(S) \right| \leqslant \sum_{S \subseteq [s+1]} \left| \mathcal{K}^*(S) \right| = \left| \mathcal{K}(\mathcal{E}_k(n,s)) \right|$$

设 $\mathcal{F}$ 是一个满足 $v(\mathcal{F}) \leqslant s$ 且 $\left| \mathcal{K}(\mathcal{F}) \right| = \left| \mathcal{K}(\mathcal{E}_k(n,s)) \right|$ 的集族。如果 $\mathcal{F}$ 是移位稳定的，那么根据引理 6.1，有 $\mathcal{F}(\{s+1\}) = \varnothing$。由此可得 $\mathcal{F} = \mathcal{E}_k(n,s)$。假设 $\mathcal{F}$ 不是移位稳定的，那么通过反复进行移位运算，$\mathcal{F}$ 最终会变为 $\mathcal{E}_k(n,s)$。设 $\mathcal{G}$ 是在这个过程中最后一个与 $\mathcal{E}_k(n,s)$ 不同构的集族，即 $\mathcal{G}$ 与 $\mathcal{E}_k(n,s)$ 不同构，但对于某个 $1 \leqslant i < j \leqslant n$，有 $S_{ij}(\mathcal{G})$ 与 $\mathcal{E}_k(n,s)$ 同构。根据对称性，我们可以假设 $\mathcal{G} \neq \mathcal{E}_k(n,s)$ 且 $S_{s,s+1}(\mathcal{G}) = \mathcal{E}_k(n,s)$，定义

$$\mathcal{G}\left(s\left(\overline{s+1}\right)\right) = \left\{ E \in \binom{[n] \setminus \{s,s+1\}}{k-1} : E \cup \{s\} \in \mathcal{G} \right\}$$

$$\mathcal{G}\left(\overline{s}(s+1)\right) = \left\{ E \in \binom{[n] \setminus \{s,s+1\}}{k-1} : E \cup \{s+1\} \in \mathcal{G} \right\}$$

由于 $S_{s,s+1}(\mathcal{G}) = \mathcal{E}_k(n,s)$，有 $\mathcal{G}\left(s\left(\overline{s+1}\right)\right) \cup \mathcal{G}\left(\overline{s}(s+1)\right) = \binom{[n] \setminus \{s,s+1\}}{k-1}$ 且 $\mathcal{G}\left(s\left(\overline{s+1}\right)\right) \cap \mathcal{G}\left(\overline{s}(s+1)\right) = \varnothing$。这意味着对于每个 $E \in \binom{[n] \setminus \{s,s+1\}}{k-1}$，恰好有一个 $E \cup \{s+1\} \in \mathcal{G}$ 或 $E \cup \{s\} \in \mathcal{G}$ 成立。考虑一个图 G，其顶点集合为 $\binom{[n] \setminus \{s,s+1\}}{k-1}$，并且 (E_1, E_2) 形成一条边当且仅当 $|E_1 \cap E_2| = k-2$。显然，G 是一个连通图。由于 $\mathcal{G}$ 与 $\mathcal{E}_k(n,s)$ 不同构，我们推断 $\mathcal{G}\left(\overline{s}\left(\overline{s+1}\right)\right) \neq \varnothing$ 且 $\mathcal{G}\left(\overline{s}(s+1)\right) \neq \varnothing$。因此，$G$ 中存在一条边 (E_1, E_2)，使得 $E_1 \cup \{s\} \in \mathcal{G}$，$E_2 \cup \{s+1\} \in \mathcal{G}$。

设 $F = E_1 \cup E_2 \in \binom{[n] \setminus \{s,s+1\}}{k}$，则 $F \cup \{s+1\} \notin \mathcal{K}(\mathcal{G})$ 且 $F \cup \{s\} \notin \mathcal{K}(\mathcal{G})$。然而，$S_{s,s+1}(\mathcal{G}) = \mathcal{E}_k(n,s)$ 意味着 $F \cup \{s\} \in \mathcal{K}(S_{s,s+1}(\mathcal{G}))$。此外，对于任意 $K \in \mathcal{K}(\mathcal{G}) \setminus \mathcal{K}(S_{s,s+1}(\mathcal{G}))$，

根据命题 6.1 中定义的单射，有 $\left(K \setminus \{s+1\}\right) \bigcup \{s\} \in \mathcal{K}\left(S_{s,s+1}(\mathcal{G})\right) \setminus \mathcal{K}(\mathcal{G})$。因此，

$$\left|\mathcal{K}\left(S_{s,s+1}(\mathcal{G})\right)\right| > \left|\mathcal{K}(\mathcal{G})\right| = \left|\mathcal{K}\left(\mathcal{E}_k(n,s)\right)\right|$$

与 $\left|\mathcal{K}\left(S_{s,s+1}(\mathcal{G})\right)\right| \leqslant \left|\mathcal{K}(\mathcal{F})\right| \leqslant \left|\mathcal{K}\left(\mathcal{E}_k(n,s)\right)\right|$ 矛盾。因此，在同构意义下，$\mathcal{E}_k(n,s)$ 是唯一可以取到等号的集族。 ∎

给定一个 k-一致超图 $\mathcal{H}$，定义 $\mathcal{H}$ 的**最小正协度**

$$\delta^+(\mathcal{H}) = \min\left\{\left|\mathcal{H}(E)\right| : E \in \partial\mathcal{H}\right\}$$

定义三角形集族

$$\mathcal{T}(n,k) = \left\{F \in \binom{[n]}{k} : \left|F \cap [3]\right| \geqslant 2\right\}$$

应用定理 6.5，可以证明下面的定理。

> **定理 6.6**[60] 对于 $n \geqslant 28k$，如果 $\mathcal{F} \subseteq \binom{[n]}{k}$ 是一个满足 $\delta^+(\mathcal{F}) \geqslant 2$ 的相交集族，则
> $$|\mathcal{F}| \leqslant |\mathcal{T}(n,k)|$$

证明： 令 $\mathcal{H} = \partial\mathcal{F}$，则 $\delta^+(\mathcal{F}) \geqslant 2$ 蕴含 $\mathcal{H}$ 中的每条边都至少被 $\mathcal{F}$ 中的两条边覆盖这一事实。

断言： $\nu(\mathcal{H}) \leqslant 3$。

断言的证明：采用反证法，假设 $D_i = F_i \bigcap G_i$（$i = 1,2,3,4$）为 4 个两两不相交的集合，且 $F_i, G_i \in \mathcal{F}$。定义 $F_i \setminus D_i = \{x_i\}$，$G_i \setminus D_i = \{y_i\}$。由于 $\left|\{x_i, y_i\}\right| = 2$，根据对称性我们可以假设 $\{x_1, y_1\} \bigcap D_4 = \varnothing$。由此可以推出 $F_1 \bigcap D_4 = \varnothing, G_1 \bigcap D_4 = \varnothing$。由

$$F_4 \bigcap F_1 \neq \varnothing, F_4 \bigcap G_1 \neq \varnothing, G_4 \bigcap F_1 \neq \varnothing, G_4 \bigcap G_1 \neq \varnothing$$

可以推出 $\{x_4, y_4\} \subseteq D_1$。因此，有 $F_4 \bigcap D_p = \varnothing$，$G_4 \bigcap D_p = \varnothing$（其中 $p = 2,3$）。由此可推出 $\{x_p, y_p\} \subseteq D_4$（其中 $p = 2,3$）。此时，要么 $x_2 \neq x_3$，要么 $x_2 \neq y_3$。根据对称性，不妨设 $x_2 \neq x_3$，则可得 $F_2 \bigcap F_3 = \varnothing$，这与 $\mathcal{F}$ 是相交集族矛盾。 □

根据断言，我们可以对 $\mathcal{H}$ 应用定理 6.5，从而得到当 $n \geqslant (5 \times 3 + 13)k = 28k$ 时，有

$$|\mathcal{F}| = |\mathcal{K}(\mathcal{H})| \leqslant |\mathcal{K}\left(\mathcal{E}_{k-1}(n,3)\right)| = |\mathcal{T}(n,k)| \qquad ∎$$

6.3 一致超图的几乎完美匹配

本节介绍一个由沃伊捷赫·勒德尔（Vojtěch Rödl）、安杰伊·鲁钦斯基（Andrzej Ruciński）和安德烈·塞迈雷迪（Endre Szemerédi）证明的关于一致超图的几乎完美匹配的定理[61]。在该定理的证明中，沃伊捷赫·勒德尔、安杰伊·鲁钦斯基和安德烈·塞迈雷迪应用了著名的吸收引理。

> **引理 6.2** 令 $n \geqslant k \geqslant 2$，对于任意有 n 个顶点的 $k-$ 一致超图 $\mathcal{H}$，均有
>
> $$\nu(\mathcal{H}) \geqslant \min\left\{\left\lfloor \frac{n}{k} \right\rfloor - k + 2, \delta_{k-1}(\mathcal{H})\right\}$$
>
> 特别地，如果 $\delta_{k-1}(\mathcal{H}) \geqslant \left\lfloor \dfrac{n}{k} \right\rfloor - k + 2$，则 $\mathcal{H}$ 中存在一个匹配覆盖了除至多 $(k-2)k + r$ 个点外的所有点，其中 $r \equiv n (\bmod k)$。

引理 6.2 的证明示意图如下所示。

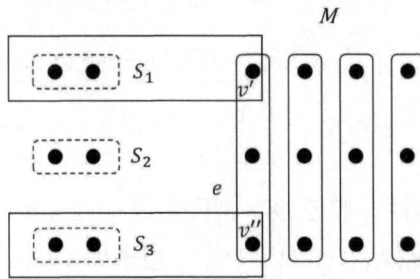

图 6.1 引理 6.2 的证明示意图

证明：采用反证法，假设 $\nu(\mathcal{H}) \leqslant \min\left\{\left\lfloor \dfrac{n}{k} \right\rfloor - k + 1, \delta_{k-1}(H) - 1\right\}$，令 M 为 $\mathcal{H}$ 中的一个最大匹配，$V' = V \setminus V(M)$，那么

$$|V'| = n - k \cdot \nu(\mathcal{H}) \geqslant n - k \cdot \left(\left\lfloor \frac{n}{k} \right\rfloor - k + 1\right) \geqslant k(k-1)$$

由于 M 为 $\mathcal{H}$ 中的一个最大匹配，所以 V' 为独立集。由于 $|V'| \geqslant k(k-1)$，所以 V' 包含 k 个两两相交为空的 $(k-1)$ 元子集，不妨设它们为 $S_1, S_2, \cdots, S_k$。对于任意的 $e \in M$，设

$e=\{x_1,x_2,\cdots,x_k\}$，$S=\{S_1,S_2,\cdots,S_k\}$，我们定义二部图 $G(e,S)$，且 (x_i,S_j) 构成一条边当且仅当 $\{x_i\}\bigcup S_j\in\mathcal{H}$。那么 $G(e,S)$ 的匹配数小于等于 1，否则若 $\{x_{i_1}\}\bigcup S_{j_1}\in H$，$\{x_{i_2}\}\bigcup S_{j_2}\in H$，那么 $M\setminus\{e\}\bigcup\{\{x_{i_1}\}\bigcup S_{j_1},\{x_{i_2}\}\bigcup S_{j_2}\}$ 将会构成一个更大的匹配，这与 M 是最大匹配矛盾。所以

$$e\big(G(e,S)\big)\leqslant k$$

从而

$$k\delta_{k-1}(\mathcal{H})\leqslant\sum_{i=1}^{k}\deg(S_i)=\sum_{i=1}^{|M|}e\big(G(e_i,S)\big)\leqslant k\cdot\nu(\mathcal{H})\leqslant k\big(\delta_{k-1}(\mathcal{H})-1\big)$$

矛盾，所以

$$\nu(\mathcal{H})\geqslant\min\left\{\left\lfloor\frac{n}{k}\right\rfloor-k+2,\delta_{k-1}(\mathcal{H})\right\}$$

若 $\delta_{k-1}(\mathcal{H})\geqslant\left\lfloor\dfrac{n}{k}\right\rfloor-k+2$，那么

$$\nu(\mathcal{H})\geqslant\left\lfloor\frac{n}{k}\right\rfloor-k+2$$

而且 $\mathcal{H}$ 中存在一个匹配覆盖了除至多 $(k-2)k+r$ 个点外的所有点，其中 $r\equiv n(\bmod k)$。 $\square$

定义 6.1 给定一个 $(k+1)$ 元顶点子集 S，对于一条与 S 的交集为空的边 e，如果存在 $\mathcal{H}$ 中的两条边 e_1,e_2 使得 $|e_1\bigcap S|=k-1,|e_1\bigcap e|=1,|e_2\bigcap S|=2,|e_2\bigcap e|=k-2$，则称 e 为 S 的吸收子，如图 6.2 所示。

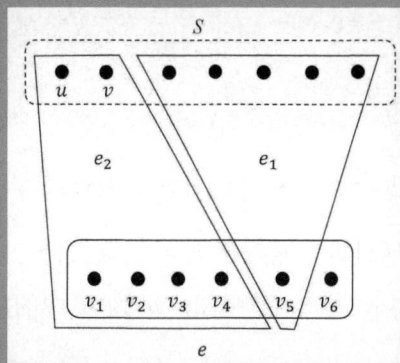

图 6.2　一个 S 的吸收子 $e(k=6)$

根据吸收子的定义，容易得到下面的观察。

> **观察 6.1**　如果对于某个常数 $c > 0$ 使得 $\delta_{k-1}(\mathcal{H}) \geqslant cn$，则对于充分大的 n，对于任意一个 $(k+1)$ 元顶点子集 S，S 吸收子的个数至少是 $\dfrac{c^3 n^k}{2k!}$。

> **引理 6.3**　对于任意的 $c > 0$，存在 C 和 n_0 使得以下结论成立：如果 $\mathcal{H}$ 是一个顶点数 $n \geqslant n_0$ 的 k-一致超图且满足 $\delta_{k-1}(H) \geqslant cn$，则 $\mathcal{H}$ 中存在一个匹配 M' 满足 $|M'| \leqslant Ck\ln n$，使得对于 $\mathcal{H}$ 中任意的 $(k+1)$ 元组 S，M' 中 S 吸收子的个数至少是 $k-2$。

证明： 对于 $\mathcal{H}$ 中任意的 $(k+1)$ 元组 S，定义 $\mathcal{F}_S$ 为 $\mathcal{H}$ 中所有的 S 吸收子构成的集族。由观察 6.1 可知

$$|\mathcal{F}_S| \geqslant \frac{c^3 n^k}{2k!} \geqslant \frac{c^3}{2}\binom{n}{k}$$

设 $V(\mathcal{H}) = [n]$ 且 $t = Ck\ln n$。从 $\dbinom{[n]}{k}$ 中选择一个随机 t-匹配 M'，令 $\beta = \dfrac{c^3}{8}\sqrt{t}, C = \dfrac{256}{c^6}$，根据弗兰克尔-库帕夫斯基集中不等式（定理 5.3），可得

$$P_r\left(|M' \cap \mathcal{F}_S| < k-2\right) \leqslant P_r\left(|M' \cap \mathcal{F}_S| < \frac{c^3}{2}t - 2\beta\sqrt{t}\right) \leqslant 2\mathrm{e}^{\frac{-\beta^2}{2}} = \frac{1}{n^{2k}}$$

由此可知，存在一个 S 使得 $|M' \cap \mathcal{F}_S| < k-2$ 成立的概率为

$$\binom{n}{k+1}\frac{1}{n^{2k}} < 1$$

从而事件 $|M' \cap \mathcal{F}_S| \geqslant k-2$ 对每个 S 成立的概率大于 0，故吸收引理得证。　□

> **定理 6.7**　设 n 充分大且 $n \not\equiv 0 \pmod{k}$，令 $\mathcal{H}$ 为有 n 个顶点的 k-一致超图且 $\delta_{k-1}(\mathcal{H}) \geqslant \dfrac{n}{k} + Ck^2 \ln n$，则 $\mathcal{H}$ 含有几乎完美匹配。

证明： 令 $\mathcal{H}$ 为有 n 个顶点的 k-一致超图且 $\delta_{k-1}(\mathcal{H}) \geqslant \dfrac{n}{k} + Ck^2 \ln n$。我们应用引理 6.3，得到一个匹配 M' 满足 $|M'| \leqslant Ck\ln n$，且对于 $\mathcal{H}$ 中任意的 $(k+1)$ 元组 S，M' 中 S 吸收子的个数至少为 $k-2$。令 $\mathcal{H}'$ 为剩下的 k-一致超图，n' 为 $\mathcal{H}'$ 中的顶点数目，则

$$\delta_{k-1}(\mathcal{H}') = \delta_{k-1}(\mathcal{H}) - k|M'| \geqslant \frac{n}{k} + Ck^2 \ln n - Ck^2 \ln n \geqslant \frac{n'}{k}$$

对 $\mathcal{H}'$ 应用引理 6.2，则有

$$\nu\left(\mathcal{H}'\right) \geqslant \frac{n'}{k} - k + 2$$

可知至多还剩下 $(k-2)k + (k-1)$ 个顶点，由于剩下的顶点多于 $k+1$ 个，可以选出 $k+1$ 个作为集合 S，那么我们可以从 M' 中找到边 e，使得 $e \cup S$ 中包含边 e_1, e_2。我们将匹配中的 e 替换成 e_1, e_2，就可以将剩下的顶点减少 k 个。这样至多迭代 $k-2$ 步，就可以使剩下的顶点至多为 $k-1$ 个，从而得到 $\mathcal{H}$ 的一个几乎完美匹配。 $\square$

我们可以改进定理 6.7，得到下面的结论。

定理 6.8　设 n 充分大且 $n \not\equiv 0 \pmod{k}$，令 $\mathcal{H}$ 为有 n 个顶点的 k-一致超图且 $\delta_{k-1}(\mathcal{H}) \geqslant \frac{n}{k}$，则 $\mathcal{H}$ 含有几乎完美匹配。

定义 6.2　令 $\mathcal{H}$ 为有 n 个顶点的 k-一致超图，如果 $\mathcal{H}$ 包含一个大小最小是 $(1-\gamma)\frac{k-1}{k}n$ 的独立集 B，则称 $\mathcal{H}$ 是 γ-**极值**的。

为此，我们将分两种情况来证明定理 6.8，一种是非 γ-极值的，另一种是 γ-极值的。

定理 6.9（非 γ-极值情况）　对于任意 $k \geqslant 3$ 和常数 $\gamma > 0$，存在正整数 n_0，使得下面的命题成立：设 $n \geqslant n_0$，$\mathcal{H}$ 为有 n 个顶点的 k-一致超图且 $\delta_{k-1}(\mathcal{H}) \geqslant \frac{n}{k} - \gamma n$；如果 $\mathcal{H}$ 不是 $5k\gamma$-极值的，则 $\mathcal{H}$ 包含一个几乎完美匹配。

定理 6.10（γ-极值情况）　对于任意 $k \geqslant 3$ 和常数 $\varepsilon > 0$，存在正整数 n_1，使得下面的命题成立：设 $n \geqslant n_1$，$\mathcal{H}$ 为有 n 个顶点的 k-一致超图且 $\delta_{k-1}(\mathcal{H}) \geqslant \left\lfloor \frac{n}{k} \right\rfloor$；如果 $\mathcal{H}$ 是 ε-极值的，则 $\mathcal{H}$ 包含一个几乎完美匹配。

情形 1：非 γ-极值情况。

稍微修改引理 6.3 即可得到下面的引理。

引理 6.4（吸收引理）　对于任意的 $c > 0, \gamma > 0$，存在 C 和 n_2 使得以下结论成立：如果 $\mathcal{H}$ 是一个顶点数 $n \geqslant n_2$ 的 k-一致超图，且 $\delta_{k-1}(\mathcal{H}) \geqslant cn$，则 $\mathcal{H}$ 中存在一个匹配 M' 满足 $|M'| \leqslant Ck\ln n$，且对于 $\mathcal{H}$ 中任意的 $(k+1)$ 元组 S，M' 中 S 吸收子的个数至少是 $\frac{k}{\gamma}$。

引理 6.5（渐进完美匹配） 对于任意的整数 $k \geqslant 3$ 和常数 $\gamma > 0$，$\mathcal{H}$ 为有 n 个顶点的 k-一致超图且 $\delta_{k-1}(\mathcal{H}) \geqslant \dfrac{n}{k} - \gamma n$，其中 n 充分大。如果 $\mathcal{H}$ 不是 $2k\gamma$-极值的，则 $\mathcal{H}$ 包含一个覆盖除至多 $\dfrac{k^2}{\gamma}$ 个点以外所有顶点的匹配。

证明： 令 $M = \{e_1, e_2, \cdots, e_m\}$ 为 $\mathcal{H}$ 中的一个最大匹配，V' 为 M 覆盖的顶点集合，U 为未被 M 覆盖的顶点集合。我们假设 $\mathcal{H}$ 不是 $2k\gamma$-极值的，而且 $|U| > \dfrac{k^2}{\gamma}$。我们将 U 中除至多 $k-2$ 个点外的其他点划分为 t 个点不变的 $(k-1)$ 元子集 $A_1, A_2, \cdots, A_t$，其中 $t = \left\lfloor \dfrac{|U|}{k-1} \right\rfloor > \dfrac{k}{\gamma}$。

令 D 为 V' 中满足至少和 k 个集合 A_i 构成一条边的顶点集合。我们断言对于任意的 $i \in [t]$，$|e_i \cap D| \leqslant 1$。否则，假设 $x, y \in e_i \cap D$，那么我们可以选择 A_x, A_y 使得 $A_x \cup \{x\} \in \mathcal{H}$ 且 $A_y \cup \{y\} \in \mathcal{H}$。那么，$M \setminus \{e_i\} \cup \{A_x \cup \{x\}, A_y \cup \{y\}\}$ 就构成了一个更大的匹配，这与 M 是最大匹配矛盾。

下面，我们将证明 $|D| \geqslant \left(\dfrac{1}{k} - 2\gamma\right)n$。由最小度条件，得

$$t\left(\frac{1}{k} - \gamma\right)n \leqslant \sum_{i=1}^{t} \deg(A_i) \leqslant |D|t + nk$$

从而

$$|D| \geqslant \left(\frac{1}{k} - \gamma\right)n - \frac{nk}{t} > \left(\frac{1}{k} - 2\gamma\right)n$$

令 $V_D = \bigcup \{e_i : e_i \cap D \neq \varnothing\}$，有

$$|V_D \setminus D| = (k-1)|D| \geqslant (k-1)\left(\frac{1}{k} - 2\gamma\right)n$$

由于 $\mathcal{H}$ 不是 $2k\gamma$-极值的，因此 $\mathcal{H}[V_D \setminus D]$ 至少包含一条边，我们将之记为 e_0。假设 e_0 与 M 中的 $e_{i_1}, e_{i_2}, \cdots, e_{i_l}$ 有交集（其中 $l \leqslant k$），且 $\{v_{i_j}\} = e_{i_j} \cap D$，则我们可以选择 $A_{i_1}, A_{i_2}, \cdots, A_{i_l}$ 使得 $\{v_{i_j}\} \cup A_{i_j}$ 构成 $\mathcal{H}$ 中的一条边。从 M 中删除边 $e_{i_1}, e_{i_2}, \cdots, e_{i_l}$，同时添加 $\{v_{i_1}\} \cup A_{i_1}, \{v_{i_2}\} \cup A_{i_2}, \cdots, \{v_{i_l}\} \cup A_{i_l}$ 以及边 e_0，就得到一个更大的匹配，这与 M 为最大匹配矛盾。 $\square$

定理 6.9 的证明： 令 $\mathcal{H}$ 为有 n 个顶点的 k-一致超图，满足 $\delta_{k-1}(\mathcal{H}) \geqslant \frac{n}{k} - \gamma n$ 且 $\mathcal{H}$ 不是 $5k\gamma$-极值的。我们基于 $c = \frac{1}{2k}$ 应用引理 6.4，得到 $\mathcal{H}$ 的一个匹配 M'，使得 $|M'| \leqslant Ck\ln n$，且对于任意的 $(k+1)$ 元子集 S，M' 中 S 吸收子的个数至少是 $\frac{k}{\gamma}$。令 $\mathcal{H}' = \mathcal{H} \setminus M'$，$n' = |V(\mathcal{H}')|$，则

$$\delta_{k-1}(\mathcal{H}') \geqslant \delta_{k-1}(\mathcal{H}) - Ck\ln n \geqslant \frac{n}{k} - 2\gamma n > \left(\frac{1}{k} - 2\gamma\right)n'$$

由于 $\mathcal{H}$ 不是 $5k\gamma$-极值的，我们将证明 $\mathcal{H}'$ 不是 $4k\gamma$-极值的。否则，若 $\mathcal{H}'$ 是 $4k\gamma$-极值的，即存在大小为 $(1-4k\gamma)\frac{k-1}{k}n'$ 的独立集 B，从而

$$|B| = (1-4k\gamma)\frac{k-1}{k}n' \geqslant (1-5k\gamma)\frac{k-1}{k}n$$

矛盾。对 $\mathcal{H}'$ 应用引理 6.5 可知，$\mathcal{H}'$ 中存在一个匹配 M''，使得匹配后剩余的顶点至多为 $\frac{k^2}{2\gamma}$ 个。为处理这些剩余顶点，我们通过匹配 M' 对其进行吸收，直到剩下至多 k 个顶点。最终，我们得到一个几乎完美匹配。　　　　　　　　　　　　　　　　□

情形 2：γ-极值情况。

应用与定理 5.3 类似的证明方法，谢尔盖·基谢廖夫（Sergei Kiselev）和安德烈·库帕夫斯基证明了定理 6.11 中一个 k 部 k-图上的弗兰克尔-库帕夫斯基集中不等式，具体证明过程此处不再赘述。

定理 6.11[62]　令 $\mathcal{H}$ 是一个 k 部 k-图，$|\mathcal{H}| = \alpha m^k$ 且 $V(\mathcal{H}) = V_1 \cup V_2 \cup \cdots \cup V_k$ 使得 $|V_i| = m$。令 X 为 $V_1 \times V_2 \times \cdots \times V_k$ 上一个随机一致 m-匹配与 $\mathcal{H}$ 的交集的大小，则对于任意的 $\gamma > 0$，有

$$P_r(X \leqslant \alpha m - 2\gamma) \leqslant 2\mathrm{e}^{-\frac{2\gamma^2}{\alpha m + 2\gamma}}$$

定理 6.12　令 $\mathcal{H}$ 是一个 k 部 k-图，且 $V(\mathcal{H}) = V_1 \cup V_2 \cup \cdots \cup V_k$ 使得 $|V_i| = m$。定义

$$\delta_{\{1\}} = \min\{|N(v_1)| : v_1 \in V_1\} \text{ 且 } \delta_{[k]\setminus\{1\}}(\mathcal{H}) = \min\{|N(v_2, \cdots, v_k)| : v_i \in V_i\}$$

对于充分大的 m，如果

$$\delta_1 m + \delta_{[k]\setminus\{1\}} m^{k-1} \geqslant \left(1 + 2\sqrt{\frac{\ln m}{m}}\right) m^k$$

则 $\mathcal{H}$ 包含一个完美匹配。

证明： 选择 $V_2 \times \cdots \times V_k$ 上一个随机一致 m-匹配 $M = \{E_1, E_2, \cdots, E_m\}$，令 $V_1 = \{x_1, x_2, \cdots, x_m\}$，定义一个二部图 $G(V_1, M)$ 满足 $(x_i, E_j) \in E(G)$ 当且仅当 $\{x_i\} \bigcup E_j \in \mathcal{H}$。令

$$\delta_{\{1\}} = \alpha m^{k-1}, \delta_{[k]\setminus\{1\}} = \beta m, \alpha + \beta \geqslant 1 + 2\sqrt{\frac{\ln m}{m}}$$

则 $G(V_1, M)$ 中的每个 E_j 具有最小度 βm。对于每个 $x_i \in V_1$，$\mathcal{H}(x_i)$ 是一个 $V_2 \bigcup \cdots \bigcup V_k$ 上的 $(k-1)$ 部 $(k-1)$-图。令 $\gamma = \sqrt{\alpha m \ln m}$，当 $m > \dfrac{4\ln m}{\alpha}$ 时，应用定理 6.11 可得

$$P_r\left(\deg_G(x_i) \leqslant \alpha m - 2\gamma\right) \leqslant 2\mathrm{e}^{-\frac{2\gamma^2}{\alpha m + 2\gamma}} < \frac{1}{m}$$

从而事件 $\deg_G(x_i) > \alpha m - 2\sqrt{\alpha m \ln m}$ 成立的概率大于 0，因此，可选取一个 m-匹配，使得 G 中任意的 $x_i \in V_1, E_j \in M$ 都满足

$$\deg_G(x_i) + \deg_G(E_j) > m$$

根据定理 5.5，$G(V_1, M)$ 中含有哈密顿圈。因此，$\mathcal{H}$ 包含一个完美匹配。 □

定理 6.10 的证明： 考虑一个充分小的 $\varepsilon > 0$。设 n 充分大且不能被 k 整除，$\mathcal{H}$ 是一个有 n 个顶点的 k-一致超图且 $\delta_{k-1}(\mathcal{H}) \geqslant \left\lfloor \dfrac{n}{k} \right\rfloor$。假设 $\mathcal{H}$ 是 ε-极值的，即存在一个独立集 S 满足 $|S| \geqslant (1-\varepsilon)\dfrac{k-1}{k}n$。

将 $V(\mathcal{H})$ 划分为 3 个部分。令 $\alpha = \varepsilon^{\frac{1}{2}}$，$C$ 是 $\mathcal{H}$ 中的一个最大独立集。定义

$$A = \left\{x \in V \setminus C : \deg(x, C) \geqslant (1-\alpha)\binom{|C|}{k-1}\right\}$$

$$B = V \setminus (A \bigcup C)$$

断言：$|A| \geqslant \left\lfloor \dfrac{n}{k} \right\rfloor - \alpha n$，$|B| \leqslant \alpha n$，且 $(1-\varepsilon)\dfrac{(k-1)n}{k} \leqslant |C| \leqslant \dfrac{(k-1)n}{k}$。

断言的证明：首先，$|C|$ 的下界是显然的。其次，对于任意的 $(k-1)$ 元子集 $S \subseteq C$，显然有 $N(S) \subseteq A \bigcup B$，所以

$$\left\lfloor \frac{n}{k} \right\rfloor \leqslant |A| + |B| = n - |C| \leqslant \frac{n}{k} + \varepsilon \frac{(k-1)n}{k}$$

从而得到 $|C|$ 的上界。另外根据 A 和 B 的定义，有

$$\left\lfloor \frac{n}{k} \right\rfloor \binom{|C|}{k-1} \leqslant e\left((A \cup B)C^{k-1}\right) \leqslant |B|(1-\alpha)\binom{|C|}{k-1} + |A|\binom{|C|}{k-1}$$

其中

$$e\left((A \cup B)C^{k-1}\right) = \left\{E \in \mathcal{H} : |E \cap (A \cup B)| = 1, |E \cap C| = k-1\right\}$$

所以

$$\left\lfloor \frac{n}{k} \right\rfloor \leqslant |A| + |B| - \alpha|B|$$

从而可以得到 $|B| \leqslant \alpha n$ 和 $|A| \geqslant \left\lfloor \frac{n}{k} \right\rfloor - |B| \geqslant \frac{n}{k} - \alpha n$。

我们构造 4 个两两不相交的匹配 M_1, M_2, M_3, M_4，它们的并集构成 $\mathcal{H}$ 的一个几乎完美匹配。令 $r \equiv n \pmod{k}$ 且 $1 \leqslant r \leqslant k-1$，则 $\left\lfloor \frac{n}{k} \right\rfloor = \frac{n-r}{k}$。对于 $i \in [3]$，令 $A_i = A \setminus V\left(\bigcup_{j \in [i]} M_j\right)$ 和 $C_i = C \setminus V\left(\bigcup_{j \in [i]} M_j\right)$ 表示 A 和 C 中不被覆盖的顶点。令 $n_i = \left|V(\mathcal{H}) \setminus V\left(\bigcup_{j \in [i]} M_j\right)\right|$，显然 $n_i \equiv r \pmod{k}$。

第一步，构建小的匹配 M_1 和 M_2 覆盖 B。

令 $t = \left\lfloor \frac{n}{k} \right\rfloor - |A|$，如果 $t \leqslant 0$，则令 M_1 为空。否则，对于 C 中任意的 $(k-1)$ 元子集 S，S 在 B 中至少有 t 个邻点，从而从 C 中选出 t 个 $(k-1)$ 元子集 $S_1, S_2, \cdots, S_t$，在 B 中存在 $b_1, b_2, \cdots, b_t$，使得 $S_i \cup \{b_i\}$ 为 $\mathcal{H}$ 中的一条边。令 M_1 为相应 t 条边构成的集合。

此外，对于任意的 $u \in B \setminus V(M_1)$，我们可以从 C 中剩下的顶点中选出 $k-2$ 个顶点，考虑这 $k-1$ 个点的邻点，同时将这条边加入匹配 M_2 中。由于这样选出的边和 M_1 中的每条边至少包含 B 中的一个顶点，且 $|B| \leqslant \alpha n$，因此这样的匹配总共至多覆盖 $k\alpha n$ 个顶点。由于 $k\alpha n < \delta_{k-1}(\mathcal{H})$，因此我们总能不断选择这样的边放入 M_2 中，直到 B 为空集为止。

下面我们估计一下 A_2 和 C_2 的大小。若 $t \leqslant 0$，则

$$|A_1| = |A| \geqslant \left\lfloor \frac{n}{k} \right\rfloor = \frac{n-r}{k} = \frac{n_1 - r}{k}$$

若 $t > 0$，则 $|M_1| = t$，从而 $n_1 = n - tk$，所以

$$|A_1| = |A| = \frac{n-r}{k} - t \geqslant \frac{n-r-tk}{k} = \frac{n_1 - r}{k}$$

因为 M_2 中的每条边至多包含 A_1 中的一个顶点，所以

$$|A_2| \geqslant |A_1| - |M_2| \geqslant \frac{n_1 - r}{k} - |M_2| = \frac{n_2 - r}{k}$$

令 $s = |A_2| - \frac{n_2 - r}{k}$。由于 $n_2 = n - k|M_1 \bigcup M_2| \geqslant n - k|B| \geqslant n - k\alpha n$，且 $|C| \geqslant (1-\varepsilon)\frac{(k-1)n}{k}$，我们得到

$$s \leqslant n - |C| - \frac{n - k\alpha n - r}{k} \leqslant \varepsilon\frac{(k-1)n}{k} + \alpha n + 1 \leqslant 2\alpha n$$

第二步，构建小的匹配 M_3 平衡 A 和 C 的大小。 通过构建匹配 M_3，我们使得 A_3 的大小与 $\frac{n_3 - r}{k}$ 至多相差 1，从而使得 $|A_3| \approx \frac{|C_3|}{k-1}$。令 c 为当前的 s 值。如果 $c \geqslant k - 1$，那么我们选择 A 中的 $(k-1)$ 元子集和它的一个邻点，从而构成一条边放入 M_3 中。那么这条边要么是 A^k 型的，要么是 $A^{k-1}C$ 型的，从而使得 $|A'| - \frac{n'-r}{k}$ 的值减小 $k-1$ 或者 $k-2$。若 $c \leqslant k-2$，那么从 A 的剩余顶点中选择 c 个顶点，从 C 的剩余顶点中选择 $k-1-c$ 个顶点，同时选择这 $k-1$ 个顶点的一个邻点，构成一条边放入 M_3 中。这样会使 $|A'| - \frac{n'-r}{k}$ 的值减小 c 或者 $c-1$，从而使得 $|A_3| - \frac{n_3 - r}{k} = 0$ 或 1，同时 $|M_3| \geqslant \frac{s}{k-2} + 1 \leqslant 2\alpha n$。

第三步，构建匹配 M_4 完成几乎完美匹配。 若 $|A_3| - \frac{n_3 - r}{k} = 0$，则令 $A_3' = A_3$，C_3' 为从 C_3 中任意删除 r 个点之后剩下的点构成的集合。若 $|A_3| - \frac{n_3 - r}{k} = 1$，则令 A_3' 为从 A_3 中任意删除 1 个点之后剩下的点构成的集合，C_3' 为从 C_3 中任意删除 $r-1$ 个点之后剩下的点构成的集合。最终有 $(k-1)|A_3'| = |C_3'|$，而且

$$|A_3'| \geqslant |A| - |M_1 \bigcup M_2| - |M_3| - 1 \geqslant \left\lfloor \frac{n}{k} \right\rfloor - 5\alpha n$$

令 $m = |A_3'|$，把 C_3' 任意等分为 $k-1$ 个部分 $C^1, C^2, \cdots, C^{k-1}$。令 $\mathcal{H}' = \mathcal{H}\left[A_3', C^1, C^2, \cdots, C^{k-1}\right]$。因为 C_3' 是一个独立集，所以对于任意的 $v_i \in C^i$（$i \in [k-1]$），在 $A \bigcup B$ 中的非邻点个数至多为

$$|A| + |B| - \left\lfloor \frac{n}{k} \right\rfloor \leqslant \frac{n}{k} + \varepsilon\frac{(k-1)n}{k} - \frac{n}{k} \leqslant \varepsilon n \leqslant 2k\varepsilon m$$

其中 $m = |A_3'| \geqslant \left\lfloor \dfrac{n}{k} \right\rfloor - 5\alpha n > \dfrac{k-1}{k^2}n$ ，所以

$$\delta_{[k]\backslash\{1\}}\left(\mathcal{H}'\right) \geqslant m - 2k\varepsilon m = (1 - 2k\varepsilon)m$$

对于任意的 $v \in A_3'$ ，有

$$\overline{\deg}\left(v, C\right) \leqslant \alpha \binom{|C|}{k-1} \leqslant \alpha \frac{|C|^{k-1}}{(k-1)!} \leqslant \alpha \frac{(km)^{k-1}}{(k-1)!} = \alpha c_k m^{k-1}$$

从而

$$\delta_{\{1\}}\left(\mathcal{H}'\right) \geqslant \left(1 - \alpha c_k\right)m^{k-1}$$

最终，有

$$\delta_{\{1\}}\left(\mathcal{H}'\right)m + \delta_{[k]\backslash\{1\}}\left(\mathcal{H}'\right)m^{k-1} \geqslant \left(1 - \alpha c_k\right)m^k + (1 - 2k\varepsilon)m^k > \frac{3}{2}m^k$$

由定理 6.11 可知，$\mathcal{H}'$ 含有一个完美匹配，设为 M_4 。最终 $M_1 \bigcup M_2 \bigcup M_3 \bigcup M_4$ 成为 $\mathcal{H}$ 的一个几乎完美匹配。 □

第 7 章　移位方法的新应用

移位方法可以与随机游走方法和生成集方法相结合，这使得移位方法显得尤其强大，值得注意的是：

（1）只有当集族移位稳定时，才可以使用随机游走方法；

（2）只有当集族既移位稳定又饱和时，才可以使用生成集方法。

然而，如果集族具有某些可能在移位过程中被破坏的性质，移位方法就无法使用。例如，移位可能会将一个非平凡相交集族变为平凡相交集族，即移位运算可能会减少覆盖数。

彼得·弗兰克尔提出了一种改进的移位方法[63]，称为**极致移位**。下面介绍它的一个集族对版本。设 $\mathcal{F} \subseteq \begin{bmatrix} [n] \\ k \end{bmatrix}, \mathcal{G} \subseteq \begin{bmatrix} [n] \\ \ell \end{bmatrix}$ 是具有某些性质（如相交、交叉 t-相交）的集族对，这些性质在移位过程中能够保持，而有些性质（如 $\tau(\mathcal{F}) \geqslant s$）则可能会在移位过程中被破坏。设 $\mathcal{P}$ 为我们希望保持的后一类性质的集合。

假设 $\mathcal{F} \subseteq \begin{bmatrix} [n] \\ k \end{bmatrix}, \mathcal{G} \subseteq \begin{bmatrix} [n] \\ \ell \end{bmatrix}$ 是具有性质 $\mathcal{P}$ 的集族。如果对所有满足 $S_{ij}(\mathcal{F})$ 和 $S_{ij}(\mathcal{G})$ 仍具有性质 $\mathcal{P}$ 的 $(i,j)(1 \leqslant i < j \leqslant n)$，均有 $S_{ij}(\mathcal{F}) = \mathcal{F}$ 和 $S_{ij}(\mathcal{G}) = \mathcal{G}$，则称 $\mathcal{F}$ 和 $\mathcal{G}$ 关于性质 $\mathcal{P}$ 是**极致移位**的。

> **引理 7.1**[63]　设 $\mathcal{F} \subseteq \begin{bmatrix} [n] \\ k \end{bmatrix}, \mathcal{G} \subseteq \begin{bmatrix} [n] \\ \ell \end{bmatrix}$ 是具有性质 $\mathcal{P}$ 的集族。通过重复进行移位运算，可以得到关于性质 $\mathcal{P}$ 是极致移位的集族对 $\mathcal{F}'$ 和 $\mathcal{G}'$。

7.1　覆盖数为 s 的相交集族

定义**覆盖数**

$$\tau(\mathcal{F}) = \min\{|T| : T \cap F \neq \varnothing \text{ 对于所有 } F \in \mathcal{F} \text{ 成立}\}$$

定义函数

$$f(n,k,s) = \max\left\{|\mathcal{F}| : \mathcal{F} \subseteq \binom{[n]}{k} \text{是相交集族且} \tau(\mathcal{F}) \geqslant s\right\}$$

在此定义下，埃尔德什-柯-拉多定理与希尔顿-米尔纳定理可以表述如下：当 $n \geqslant 2k$ 时，有

$$f(n,k,1) = \binom{n-1}{k-1}, \quad f(n,k,2) = \binom{n-1}{k-1} - \binom{n-k-1}{k-1} + 1$$

保罗·埃尔德什和拉兹洛·洛瓦斯[64]证明了 $k!(e-1) \leqslant f(n,k,k) \leqslant k^k$ 和 $f(n,3,3) = 10$。拉兹洛·洛瓦斯[65]猜想 $k!(e-1)$ 是精确上界，但后来彼得·弗兰克尔、乙田和德重典英证明了该猜想对 $k \geqslant 4$ 不成立[66]，并将 $f(n,k,k)$ 的下界优化至 $(1+o(1))\left(\dfrac{k}{2}\right)^k$。此外，其对应的上界被多次改进[67-71]。

1980 年，彼得·弗兰克尔[72]确定了当 $k \geqslant 4$ 且 $n > n_0(k)$ 时 $f(n,k,3)$ 的值。当 $k \geqslant 7$ 时，条件中的 $n_0(k)$ 被改进为 $2k$。

> **定理 7.1**[73]　当 $k \geqslant 7$ 且 $n \geqslant 2k$ 时，有
>
> $$f(n,k,3) = \binom{n-1}{k-1} - \binom{n-k}{k-1} - \binom{n-k-1}{k-1} + \binom{n-2k}{k-1} + \binom{n-k-2}{k-3} + 3 \tag{7.1}$$

值得注意的是，安德烈·库帕夫斯基[74]使用完全不同的方法在 $k \geqslant 100$ 且 $n \geqslant 2k$ 的情况下证明了相同的结果。

定义

$$\mathcal{B} = \{[2,k+1], \{2\} \cup [k+2,2k], \{3\} \cup [k+2,2k]\}$$

$$\mathcal{A} = \left\{A \in \binom{[n]}{k} : 1 \in A \text{且} A \cap B \neq \varnothing \text{对所有} B \in \mathcal{B} \text{成立}\right\}$$

设 $\mathcal{G}(n,k) = \mathcal{A} \cup \mathcal{B}$，如图 7.1 所示。易验证当 $n \geqslant 2k$ 时，$\mathcal{G}(n,k)$ 是一个覆盖数 $\tau(\mathcal{G}(n,k)) = 3$ 的相交 k-图，且

$$|\mathcal{G}(n,k)| = \binom{n-1}{k-1} - \binom{n-k}{k-1} - \binom{n-k-1}{k-1} + \binom{n-2k}{k-1} + \binom{n-k-2}{k-3} + 3$$

其三元覆盖为 $\{1,2,3\}$ 及 $\{1,u,v\}$（$u \in [2,k+1]$，$v \in [k+2,2k]$）。

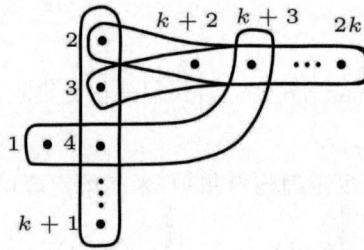

图 7.1　极值构造 $\mathcal{G}(n,k)$

设 $\mathcal{F} \subseteq \binom{[n]}{k}$ 是满足性质 $\mathcal{P} = \{\tau(\mathcal{F}) \geqslant 3\}$ 的相交集族，并假设 $\mathcal{F}$ 关于性质 $\mathcal{P}$ 是极致移位的。若 (i,j) $(1 \leqslant i < j \leqslant n)$ 使得 $\tau(S_{ij}(\mathcal{F})) = 2$ ，则称 (i,j) 为**移位抵抗对**。定义**移位抵抗图** $\mathbb{H} = \mathbb{H}_{\mathcal{P}}(\mathcal{F})$ 为所有满足以下条件的 (i,j) 的集合：

$$若 (i,j) \in \mathbb{H} ，则 \tau(S_{ij}(\mathcal{F})) = 2 ；若 (i,j) \notin \mathbb{H} ，则 S_{ij}(\mathcal{F}) = \mathcal{F}$$

显然，当且仅当 $\mathbb{H}$ 为空集时 $\mathcal{F}$ 是移位稳定的。

需要指出的是，$\mathcal{G}(n,k)$ 不是移位稳定的，但其关于性质 $\tau(\mathcal{G}(n,k)) \geqslant 3$ 是极致移位的。相应的移位抵抗图

$$\mathbb{H} = [2, k+1] \times [k+2, 2k] \cup \{(1,2), (1,3)\}$$

例如：$(1,2)$ 是 $S_{2,k+2}(\mathcal{G}(n,k))$ 的一个覆盖，所以 $(2, k+2) \in \mathbb{H}$ 。

为了说明极致移位方法的应用，下面我们给出定理 7.1 的证明概要。

定理 7.1 的证明：令 $\mathcal{F} \subseteq \binom{[n]}{k}$ 是一个覆盖数最小为 3 的极大相交集族。假设 $\mathcal{F}$ 关于 $\tau(\mathcal{F}) \geqslant 3$ 是极致移位的，并设 $\mathbb{H}$ 为相应的抵抗移位图。定义 3-**覆盖集族**

$$\mathcal{T}^{(3)}(\mathcal{F}) = \left\{ T \in \binom{[n]}{3} : T \text{是} \mathcal{F} \text{的覆盖} \right\}$$

由 $\mathcal{F}$ 的极大性可知，$\mathcal{T}^{(3)}(\mathcal{F})$ 是相交集族。证明过程分为以下 3 种情形展开。

- 移位稳定情形：$\mathcal{F}$ 是移位稳定集族。
- 移位抵抗情形I：$\mathcal{T}^{(3)}(\mathcal{F})$ 不是星型集族。
- 移位抵抗情形II：$\mathcal{T}^{(3)}(\mathcal{F})$ 是星型集族。

情形 1：移位稳定情形。

对于 $\mathcal{F} \subseteq \binom{[n]}{k}$ ，定义其**团数**

$$\omega(\mathcal{F}) = \max\left\{q : \exists \mathcal{Q} \in \binom{[n]}{q}, \binom{\mathcal{Q}}{k} \subseteq \mathcal{F}\right\}$$

彼得·弗兰克尔确定了团数最小为 $k+s-1$ 的相交集族的大小的上界。

> **定理 7.2**[75]　设 $n > 2k \geqslant 2s$，$\mathcal{F} \subseteq \binom{[n]}{k}$ 是相交集族且 $\omega(\mathcal{F}) \geqslant k+s-1$，则
>
> $$|\mathcal{F}| \leqslant |\mathcal{K}(n,k,s)| \tag{7.2}$$
>
> 其中
>
> $$\mathcal{K}(n,k,s) = \left\{K \in \binom{[n]}{k} : 1 \in K, |K \cap [2, k+s-1]| \geqslant s-1\right\} \cup \binom{[2, k+s-1]}{k}$$

如果 $\mathcal{F}$ 是一个覆盖数 $\tau(\mathcal{F}) \geqslant 3$ 的移位稳定集族，则 $\omega(\mathcal{F}) \geqslant k+2$。事实上，由于 $\tau(\mathcal{F}) \geqslant 3$ 和移位稳定性，必有 $\{3,4,\cdots,k+2\} \in \mathcal{F}$，再次利用移位稳定性可知 $[k+2]$ 形成了 $\mathcal{F}$ 中的一个团。根据定理 7.2，有

$$|\mathcal{F}| \leqslant |\mathcal{K}(n,k,3)| \leqslant |\mathcal{G}(n,k)|$$

情形 2：移位抵抗情形I。

在此情形下，$\mathcal{F}$ 不是移位稳定的，但是极致移位的，即 $\mathbb{H} \neq \varnothing$。设 $(i,j) \in \mathbb{H}$，则 $\tau(S_{ij}(\mathcal{F})) = 2$。假设 $\{i, x_{ij}\}$ 是 $S_{ij}(\mathcal{F})$ 的一个覆盖，则 $\{i, j, x_{ij}\}$ 是 $\mathcal{F}$ 的一个覆盖。因此 $\mathcal{T}^{(3)}(\mathcal{F}) \neq \varnothing$。

我们断言 $\mathbb{H}$ 的匹配数最小为 2，否则假设 $(1,2) \in \mathbb{H}$，则 $\mathcal{F}$ 在 $\{3,4,\cdots,n\}$ 上是移位稳定的。不失一般性，假设 $x_{12} = 3$，即 $\{1,2,3\}$ 是 $\mathcal{F}$ 的一个覆盖。注意到 $(1,2) \in \mathbb{H}$，意味着 $\{1,3\}$ 是 $S_{12}(\mathcal{F})$ 的一个覆盖。由于 $\{1,3\}$ 不是 $\mathcal{F}$ 的覆盖，根据极致移位性，我们推断出 $\{4,5,\cdots,k+2\} \in \mathcal{F}(2)$。同理，由于 $\{2,3\}$ 不是 $\mathcal{F}$ 的覆盖，根据极致移位性，我们推断出 $\{4,5,\cdots,k+2\} \in \mathcal{F}(1)$，即 $\{2,4,5,\cdots,k+2\} \in S_{12}(\mathcal{F})$，与 $\{1,3\}$ 是 $S_{12}(\mathcal{F})$ 的一个覆盖矛盾。因此 $\mathbb{H}$ 的匹配数最小为 2。

设 $(1,2), (3,4) \in \mathbb{H}$。由于 $\mathcal{T}^{(3)}(\mathcal{F})$ 是相交集族，不妨假设 $x_{12} = x_{34} = 5$。令 $T_1 = \{1,2,5\}$，$T_2 = \{3,4,5\}$。由于 $\mathcal{T}^{(3)}(\mathcal{F})$ 是非平凡相交集族，可以找到 $T_3 \in \mathcal{T}^{(3)}(\mathcal{F})$，使得 T_1, T_2, T_3 构成一个广义三角形。根据对称性，$T_3 = \{2,4,6\}$ 或 $T_3 = \{2,3,4\}$，如图 7.2 所示。

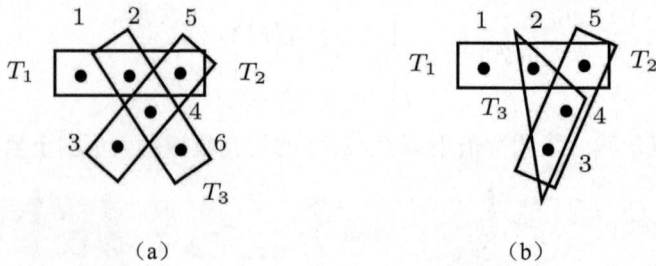

图 7.2 $\mathcal{T}^{(3)}(\mathcal{F})$ 中的广义三角形 (T_1, T_2, T_3)

注意到 $\mathcal{T}^{(3)}(\mathcal{F})$ 是相交集族，且 $\mathcal{T}^{(3)}(\mathcal{F})$ 与 $\mathcal{F}$ 交叉相交。对于任意 $\{x, y\} \in \binom{[n]}{2}$，有 $\left| \mathcal{T}^{(3)}(\mathcal{F})(x, y) \right| \leqslant k$，否则将导致 $F \cap \{x, y\} \neq \varnothing$ 对于任意 $F \in \mathcal{F}$ 均成立，与 $\tau(\mathcal{F}) \geqslant 3$ 矛盾。令 $\mathcal{P} = \{T_1, T_2, T_3\}$，易验证 $\left| \mathcal{T}^{(2)}(\mathcal{P}) \right| \leqslant 7$，由此可得

$$\left| \mathcal{T}^{(3)}(\mathcal{F}) \right| \leqslant 7k < k^2 - k + 1 = \left| \mathcal{T}^{(3)}(\mathcal{G}(n, k)) \right| \quad (k \geqslant 8)$$

因此，当 $k \geqslant 8$ 且 n 关于 k 足够大时，$|\mathcal{F}| < |\mathcal{G}(n, k)|$。通过详细计算，我们可以证明当 $n > 2k$ 且 $k \geqslant 7$ 时，$|\mathcal{F}| < |\mathcal{G}(n, k)|$[73]。

情形 3：移位抵抗情形 II。

假设 $\mathcal{T}^{(3)}(\mathcal{F})$ 是一个以 1 为中心的星型集族，定义

$$\mathcal{A} = \{F \setminus \{1\} : 1 \in F \in \mathcal{F}\}, \mathcal{B} = \{F : 1 \notin F \in \mathcal{F}\}$$

若向 $\mathcal{A}$ 中添加任意一个额外的 $(k-1)$ 元集都会破坏交叉相交性，则称 $\mathcal{A}, \mathcal{B}$ 关于 $\mathcal{A}$ 是**饱和交叉相交的**。由 $\mathcal{F}$ 的极大性可知，$\mathcal{A}, \mathcal{B}$ 关于 $\mathcal{A}$ 是饱和交叉相交的。此外，由 $\tau(\mathcal{F}) \geqslant 3$ 可知，$\mathcal{B}$ 是非平凡相交集族。

引理 7.2[73] 如果 $\mathcal{F}$ 关于 $\tau(\mathcal{F}) \geqslant 3$ 是极致移位的，则 $\mathcal{A}, \mathcal{B}$ 关于 $\tau(\mathcal{B}) \geqslant 2$ 是极致移位的，且相应的移位抵抗图 $\mathbb{H}' = \mathbb{H} \cap \binom{[2, n]}{2}$。

沿用情形 2 中的论证方法，易知 $\mathbb{H}$ 的匹配数最小为 2。因此 $\mathbb{H}' = \mathbb{H} \cap \binom{[2, n]}{2} \neq \varnothing$。定义 $\mathcal{B}$ 的 **2-覆盖图** $\hat{\mathbb{H}}$ 是 $\mathcal{B}$ 中所有大小为 2 的覆盖构成的图。显然，移位抵抗图 $\mathbb{H}'$ 是 2-覆盖图 $\hat{\mathbb{H}}$ 的子图。此外，若 $(i, j) \in \hat{\mathbb{H}}$，则 $\{1, i, j\}$ 是 $\mathcal{F}$ 的一个覆盖，且 $\{i, j\}$ 在 $\mathcal{A}$ 中是满的（即任意包含 $\{i, j\}$ 的 $(k-1)$ 元集都属于 $\mathcal{A}$）。

需要指出，当 $\mathcal{F} = \mathcal{G}(n,k)$ 时，有

$$\mathbb{H}' = \mathbb{H} = [2, k+1] \times [k+2, 2k], \hat{\mathbb{H}} = \mathbb{H}' \cup \{(2,3)\}$$

证明的关键引理如下。

引理 7.3[73]　2-覆盖图 $\hat{\mathbb{H}}$ 是偏移位的，即若 $(i,j) \notin \hat{\mathbb{H}}$ 且 $(j,\ell) \in \hat{\mathbb{H}}$，则 $(i,\ell) \in \hat{\mathbb{H}}$。

基于偏移位性，可以证明 $\hat{\mathbb{H}}$ 包含三角形或者是完全二部图[11]。

定理 7.3[73]　2-覆盖图 $\hat{\mathbb{H}}$ 包含三角形或者是部集为 X, Y 的完全二部图，其中 $2 \leqslant |X|$，$|Y| \leqslant k$，且 $X \cup Y$ 是 $[2,n]$ 中前 $|X| + |Y|$ 个元素构成的集合。

定理 7.4（弗兰克尔非平凡交叉相交不等式）[63]　设 $2 \leqslant a \leqslant b$，$n \geqslant a+b$。若 $\mathcal{A} \subseteq \binom{[n]}{a}$ 和 $\mathcal{B} \subseteq \binom{[n]}{b}$ 是非平凡交叉相交集族，则

$$|\mathcal{A}| + |\mathcal{B}| \leqslant \binom{n}{b} - 2\binom{n-a}{b} + \binom{n-2a}{b} + 2$$

应用弗兰克尔非平凡交叉相交不等式，并分别处理三角形情形与完全二部图情形，即可完成定理 7.1 的证明。$\qquad\square$

设 $\mathcal{F} \subseteq \binom{[n]}{k}$ 是相交集族。回顾 $\mathcal{B}(\mathcal{F})$ 的定义：$\mathcal{F}$ 的所有极小覆盖（按包含关系）构成的集族。

例：设 $X = \{x_1, \cdots, x_{k-1}\}, Y = \{y_1, \cdots, y_{k-1}\}, Z = \{z_1, \cdots, z_{k-1}\}$ 是 $[2,n]$ 上的 3 个两两不交的子集。令

$$\mathcal{H}^* = \{X \cup \{y_i\} : i = 1,2\} \cup \{Y \cup \{z_i\} : i = 1,2\} \cup \{Z \cup \{x_i\} : i = 1,2\}$$

$$\mathcal{F}^* = \left\{ F \in \binom{[n]}{k} : 1 \in F \text{ 且存在 } B \in \mathcal{B}(\mathcal{H}^*) \text{ 使得 } B \subseteq F \right\} \cup \mathcal{H}^*$$

定理 7.5[76]　当 $k \geqslant 9$ 且 $n > n_0(k)$ 时，$f(n,k,4) = |\mathcal{F}^*|$。

例：设 Y, V 和 X, Z 是 $[2,n]$ 上的 $(k-1)$ 元集合，满足 $(Y \cup V) \cap (X \cup Z) = \varnothing$，$Y \cap V = \{\tilde{y}\}$，$X \cap Z = \{\tilde{x}\}$。在 4 个 $(k-2)$ 元集合 $Y \setminus \{\tilde{y}\}, V \setminus \{\tilde{y}\}, X \setminus \{\tilde{x}\}, Z \setminus \{\tilde{x}\}$ 中，我们分别固定元素 $y_1, y_2, v_1, v_2, x_1, x_2, z_1, z_2$。设

$$\mathcal{G} = \left\{ X \cup \{v_i\} : i = 1, 2 \right\} \cup \left\{ Y \cup \{x_i\} : i = 1, 2 \right\} \cup \left\{ Z \cup \{y_i\} : i = 1, 2 \right\} \cup$$

$$\left\{ V \cup \{z_i\} : i = 1, 2 \right\} \cup \left\{ (Z \setminus \{\tilde{x}\}) \cup \{x_1, y_i\} : i = 1, 2 \right\}$$

$$\mathcal{G}_0 = \mathcal{G} \cup \left\{ (V \setminus \{\tilde{y}\}) \cup \{y_1, y_2\} \right\}$$

$$\mathcal{G}_1 = \mathcal{G} \cup \left\{ (Y \setminus \{\tilde{y}\}) \cup \{v_1, v_2\} \right\}$$

对于 $j = 0, 1$，定义

$$\mathcal{F}_j = \left\{ F \in \binom{[n]}{k} : 1 \in F \text{ 且存在 } B \in \mathcal{B}(\mathcal{G}_j) \text{ 使得 } B \subseteq F \right\} \cup \mathcal{G}_j$$

> **定理 7.6**[77]　当 $k \geqslant 67$ 且 $n \geqslant 5k^6$ 时，有
> $$f(n, k, 5) = \max \left\{ |\mathcal{F}_0|, |\mathcal{F}_1| \right\}$$

7.2　相交集族的多样性和最大度比率问题

设 $\mathcal{F} \subseteq \binom{[n]}{k}$ 是一个相交集族。回顾以下定义：

$$\mathcal{F}(i) = \left\{ F \setminus \{i\} : i \in F \in \mathcal{F} \right\}, \mathcal{F}(\bar{i}) = \left\{ F : i \notin F \in \mathcal{F} \right\}$$

且 $|\mathcal{F}| = |\mathcal{F}(i)| + |\mathcal{F}(\bar{i})|$。需要注意的是，$\mathcal{F}(1) \subseteq \binom{[2, n]}{k - 1}$ 和 $\mathcal{F}(\bar{1}) \subseteq \binom{[2, n]}{k}$ 是交叉相交的。

可以用两种方式度量一个相交集族与星型集族的接近程度。定义

$$\varrho(\mathcal{F}) = \max_{i \in [n]} \frac{|\mathcal{F}(i)|}{|\mathcal{F}|}, \gamma(\mathcal{F}) = \min_{i \in [n]} |\mathcal{F}(\bar{i})|$$

其中 $\varrho(\mathcal{F})$ 称为 $\mathcal{F}$ 的**最大度比率**，$\gamma(\mathcal{F})$ 称为 $\mathcal{F}$ 的**多样性**。当 $\mathcal{F}$ 是星型集族时，$\varrho(\mathcal{F}) = 1$ 且 $\gamma(\mathcal{F}) = 0$，即 $\varrho(\mathcal{F})$ 越大，或 $\gamma(\mathcal{F})$ 越小，$\mathcal{F}$ 就越接近一个星型集族。

通过应用极致移位方法，可以证明关于相交集族的最大度比率的几个结论[16-18]。

> **定理 7.7**[78]　设 n, k, d 是整数，$k > d \geqslant 2$ 且 $n \geqslant 4(d - 1)dk$。若 $\mathcal{F} \subseteq \binom{[n]}{k}$ 是一个相交集族且满足 $|\mathcal{F}| \geqslant 2^d d^{2d+1} \binom{n - d - 1}{k - d - 1}$，则
> $$\varrho(\mathcal{F}) > \frac{1}{d}$$

定理 7.8[79] 若 $\mathcal{F} \subseteq \dbinom{[n]}{k}$ 是一个相交集族，满足 $n \geqslant 2k$ 且 $|\mathcal{F}| \geqslant 36\dbinom{n-3}{k-3}$，则

$$\varrho(\mathcal{F}) > \frac{1}{2}$$

定理 7.9[79] 若 $\mathcal{F} \subseteq \dbinom{[n]}{k}$ 是一个相交集族，满足 $|\mathcal{F}| \geqslant 36\dbinom{n-3}{k-3}$ 且 $n \geqslant 24k$，则

$$\varrho(\mathcal{F}) > \frac{2}{3} - \frac{k}{n}$$

回顾三角形集族

$$\mathcal{T}(n,k) = \left\{ F \in \dbinom{[n]}{k} : |F \cap [3]| \geqslant 2 \right\}$$

定理 7.10[80] 设 $\mathcal{F} \subseteq \dbinom{[n]}{k}$ 是一个相交集族，且 $n > 36k$。若 $|\mathcal{F}| \geqslant |\mathcal{T}(n,k)| + 1$，则

$$\varrho(\mathcal{F}) > 1 - \max\{k+4, 40\} \cdot \frac{k}{3n}$$

若 $|\mathcal{F}| \geqslant |\mathcal{T}(n,k)| + \dfrac{p}{2}\dbinom{n-p+3}{k-p+3}$（$p \geqslant 40$），则

$$\varrho(\mathcal{F}) > 1 - \frac{pk}{3n}$$

需要指出，当 n 相对于 k 足够大时，上述结论均已被证明[76]。彼得·弗兰克尔证明了以下定理。

定理 7.11[81] 设 $n > 72k$，且 $\mathcal{F} \subseteq \dbinom{[n]}{k}$ 为相交集族，则 $\mathcal{F}$ 的多样性

$$\gamma(\mathcal{F}) \leqslant \dbinom{n-3}{k-2} \tag{7.3}$$

通过应用定理 7.8 并沿用证明定理 7.11 的方法[81]，可以得到当 $n > 36k$ 时，定理 7.11 仍成立。彼得·弗兰克尔猜想当 $n > 3k$ 时，式（7.3）仍成立[37]。但黄皓[82]和安德烈·库帕夫斯基[83]提出的反例证明至少需要满足 $n \geqslant (2+\sqrt{3})k$。

下面，我们证明定理 7.8 的一个弱化版本，以说明如何应用极致移位方法（证明思路主要来自彼得·弗兰克尔[79]）。

> **定理 7.12** 设 $\mathcal{F} \subseteq \begin{bmatrix} [n] \\ k \end{bmatrix}$ 是一个相交集族，$n \geq 2k$ 且 $|\mathcal{F}| \geq 48\binom{n-3}{k-3}$，则
>
> $$\varrho(\mathcal{F}) > \frac{1}{2}$$

令 $\Delta_2(\mathcal{F})$ 表示 $\mathcal{F}$ 的最大 2-度，即对于所有 $x, y \in [n]$，$|\mathcal{F}(x,y)|$ 的最大值。下面我们证明两个关键引理。

> **引理 7.4** 设 $\mathcal{F} \subseteq \begin{bmatrix} [n] \\ k \end{bmatrix}$ 是一个相交集族。若 $\varrho(\mathcal{F}) \leq \frac{1}{2}$，则 $\Delta_2(\mathcal{F}) \leq 2\binom{n-3}{k-3}$。

证明： 令 $x, y \in [n]$。集族 $\mathcal{F}(x,y)$ 与 $\mathcal{F}(\bar{x}, \bar{y})$ 是交叉相交的，若 $|\mathcal{F}(x,y)| \geq 2\binom{n-3}{k-3} > \binom{n-3}{k-3} + \binom{n-4}{k-3} + \binom{n-6}{k-4}$，则根据引理 1.3，可得

$$|\mathcal{F}(\bar{x}, \bar{y})| \leq \binom{n-5}{k-3} + \binom{n-6}{k-3} < |\mathcal{F}(x,y)|$$

据对称性，我们假设 $|\mathcal{F}(x, \bar{y})| \leq |\mathcal{F}(\bar{x}, y)|$，则 $|\mathcal{F}(\bar{y})| < |\mathcal{F}(y)|$。因此 $\varrho(\mathcal{F}) > \frac{1}{2}$，这与 $\varrho(\mathcal{F}) \leq \frac{1}{2}$ 矛盾。 □

> **引理 7.5** 设 $\mathcal{F} \subseteq \begin{bmatrix} [n] \\ k \end{bmatrix}$ 是一个相交集族。若 $\mathcal{F}$ 是移位稳定的，则 $\varrho(\mathcal{F}) > \frac{1}{2}$。

证明： 据移位稳定性，有

$$\partial \mathcal{F}(\bar{1}) \subseteq \mathcal{F}(1)$$

根据定理 1.7，可得

$$|\mathcal{F}(\bar{1})| < |\partial \mathcal{F}(\bar{1})| \leq |\mathcal{F}(1)|$$

因此 $\varrho(\mathcal{F}) > \frac{1}{2}$。 □

定理 7.12 的证明： 假设定理 7.12 不成立，即存在 $\mathcal{F} \subseteq \binom{[n]}{k}$ 是一个相交集族，满足 $|\mathcal{F}| \geqslant 48\binom{n-3}{k-3}$ 且 $\varrho(\mathcal{F}) \leqslant \frac{1}{2}$。不失一般性，假设 $\mathcal{F}$ 关于 $\varrho(\mathcal{F}) \leqslant \frac{1}{2}$ 是极致移位的，对应的移位抵抗图为 $\mathbb{H}$。根据引理 7.5，$\mathbb{H} \neq \varnothing$。由引理 7.4 知，$\Delta_2(\mathcal{F}) < 2\binom{n-3}{k-3}$。

断言：$\mathbb{H}$ 的匹配数最大为 2。

断言的证明：假设 $\mathbb{H}$ 中存在 3 对互不相交的边 $(i_1, j_1), (i_2, j_2), (i_3, j_3)$。设

$$\mathcal{G}_r = \{F \in \mathcal{F} : F \cap \{i_r, j_r\} \neq \varnothing\}, r = 1, 2, 3$$

因为 $(i_r, j_r) \in \mathbb{H}$，有 $|\mathcal{G}_r| \geqslant \frac{1}{2}|\mathcal{F}|$。注意到，对于任意 $1 \leqslant r < s \leqslant 3$，有

$$|\mathcal{G}_r \cap \mathcal{G}_s| \leqslant \sum_{x \in \{i_r, j_r\}, y \in \{i_s, j_s\}} |\mathcal{F}(x, y)| < 4\Delta_2(\mathcal{F}) < 8\binom{n-3}{k-3} \leqslant \frac{1}{6}|\mathcal{F}|$$

因此

$$|\mathcal{F}| \geqslant |\mathcal{G}_1 \cup \mathcal{G}_2 \cup \mathcal{G}_3| = \sum_{1 \leqslant r \leqslant 3} |\mathcal{G}_r| - \sum_{1 \leqslant r < s \leqslant 3} |\mathcal{G}_r \cap \mathcal{G}_s| > \frac{3}{2}|\mathcal{F}| - \frac{1}{2}|\mathcal{F}| = |\mathcal{F}|$$

从而 $|\mathcal{F}| > |\mathcal{F}|$，矛盾。故断言成立。 $\square$

若 $\nu(\mathbb{H}) = 1$，则可以假设 $(n-1, n) \in \mathbb{H}$。若 $\nu(\mathbb{H}) = 2$，则可以假设 $(n-1, n), (n-3, n-2) \in \mathbb{H}$。在上述不同情况下，$\mathcal{F}$ 在 $[n-4]$ 上是移位稳定的。设

$$\mathcal{H} = \{F \in \mathcal{F} : F \cap \{n-3, n-2, n-1, n\} = \{n-1\} \text{ 或 } F \cap \{n-3, n-2, n-1, n\} = \{n\}\}$$

$$\mathcal{G} = \{F \in \mathcal{F} : F \subseteq [n-4]\}$$

显然 $\mathcal{G}$ 是移位稳定的。由于 $\nu(\mathbb{H}) \leqslant 2$，则对于任意 $1 \leqslant i < j \leqslant n-5$ 有 $S_{ij}(\mathcal{H}) = \mathcal{H}$。由于 $(n-1, n) \in \mathbb{H}$，可推得

$$|\mathcal{H}| \geqslant \frac{1}{2}|\mathcal{F}| - |\mathcal{F}(n-1, n)| - \sum_{x \in \{n-1, n\}, y \in \{n-3, n-2\}} |\mathcal{F}(x, y)| \geqslant \frac{1}{2}|\mathcal{F}| - 5\Delta_2(\mathcal{F})$$

进而

$$\left|\mathcal{H}(\overline{1}, \overline{2})\right| = |\mathcal{H}| - \sum_{x \in \{n-1, n\}, y \in \{1, 2\}} |\mathcal{F}(x, y)| \geqslant \frac{1}{2}|\mathcal{F}| - 9\Delta_2(\mathcal{F}) \geqslant 6\binom{n-3}{k-3}$$

断言：$|\mathcal{G}| < 4\dbinom{n-3}{k-3}$。

断言的证明：根据引理 7.4，$\left|\mathcal{G}(1,2)\right| \le \Delta_2(\mathcal{F}) < 2\dbinom{n-3}{k-3}$。由移位稳定性知 $\mathcal{G}(\overline{1},\overline{2})$ 是 3 -相交的。根据定理 2.2，可得 $\left|\mathcal{G}(\overline{1},\overline{2})\right| \le \dbinom{n-6}{k-3}$。又 $\mathcal{G}$ 具有移位稳定性，则 $\mathcal{H}(\overline{1},\overline{2})$ 和 $\mathcal{G}(\overline{1},\overline{2})$ 是交叉 2-相交的。由 $\left|\mathcal{H}(\overline{1},\overline{2})\right| > \dbinom{n-6}{k-3}$，结合移位稳定性和定理 2.3，可以得到 $\left|\mathcal{G}(\overline{1},2)\right| \le \left|\mathcal{G}(1,\overline{2})\right| \le \dbinom{n-6}{k-4}$。因此

$$|\mathcal{G}| = \left|\mathcal{G}(1,2)\right| + \left|\mathcal{G}(1,\overline{2})\right| + \left|\mathcal{G}(\overline{1},2)\right| + \left|\mathcal{G}(\overline{1},\overline{2})\right|$$

$$\le 2\binom{n-3}{k-3} + 2\binom{n-6}{k-4} + \binom{n-6}{k-3}$$

$$< 4\binom{n-3}{k-3} \qquad\qquad\qquad \square$$

由 $\varrho(\mathcal{F}) \le \dfrac{1}{2}$，可以得到 $\left|\mathcal{F}(\overline{n})\right| \ge \dfrac{1}{2}|\mathcal{F}| \ge 24\dbinom{n-3}{k-3}$。令 $D = \{n-3, n-2, n-1, n\}$。对于 $i \in D$，回顾定义

$$\mathcal{F}(\{i\}, D) = \{F \setminus D : F \in \mathcal{F}, F \cap D = \{i\}\}$$

则有

$$\sum_{n-3 \le i \le n-1} \left|\mathcal{F}(\{i\}, D)\right| \ge \left|\mathcal{F}(\overline{n})\right| - \sum_{n-3 \le x < y \le n-1} \left|\mathcal{F}(x,y)\right| - |\mathcal{G}| \ge 14\binom{n-3}{k-3}$$

由此可知，存在 $u \in \{n-3, n-2, n-1\}$，满足 $\left|\mathcal{F}(\{u\}, D)\right| > \dfrac{14}{3}\dbinom{n-3}{k-3}$。

令 $V = D \setminus \{u\}$，由 $\left|\mathcal{F}(\overline{u})\right| \ge \dfrac{1}{2}|\mathcal{F}| \ge 24\dbinom{n-3}{k-3}$ 得

$$\sum_{i \in V} \left|\mathcal{F}(\{i\}, D)\right| \ge \left|\mathcal{F}(\overline{u})\right| - \sum_{x, y \in V, x < y} \left|\mathcal{F}(x,y)\right| - |\mathcal{G}| \ge 14\binom{n-3}{k-3}$$

因此存在 $v \in V$，满足 $\left|\mathcal{F}(\{v\}, D)\right| > \dfrac{14}{3}\dbinom{n-3}{k-3}$。此外，有

$$\left|\mathcal{F}(\{u\}, D \cup \{1\})\right| \geqslant \left|\mathcal{F}(\{u\}, D)\right| - \left|\mathcal{F}(u, 1)\right| > \binom{n-5}{k-3}$$

同理，$\left|\mathcal{F}(\{v\}, D \cup \{1\})\right| > \binom{n-5}{k-3}$。然而根据移位稳定性，$\mathcal{F}(\{u\}, D \cup \{1\})$ 和 $\mathcal{F}(\{v\}, D \cup \{1\})$

是交叉 2-相交的，与定理 2.3 矛盾。 ∎

7.3 相交集族的最大多样性

回顾 ℓ 阶影子的定义：对于 $\mathcal{F} \subseteq \binom{[n]}{k}$，定义 $\mathcal{F}$ 的 ℓ 阶影子

$$\partial^{(\ell)} \mathcal{F} = \left\{ E \in \binom{n}{k-\ell} : \text{存在} F \in \mathcal{F} \text{使得} E \subseteq F \right\}$$

应用定理 1.6 可以证明下面的引理。

> **引理 7.6**[80] 令 $n \geqslant a+b$。若 $\mathcal{A} \subseteq \binom{[n]}{a}, \mathcal{B} \subseteq \binom{[n]}{b}$ 是交叉相交的，则
>
> $$\frac{|\mathcal{A}|}{\binom{n}{a}} + \frac{|\mathcal{B}|}{\binom{n}{b}} \leqslant 1 \tag{7.4}$$

证明：定义 $\mathcal{A}^c = \{[n] \setminus A : A \in \mathcal{A}\} \subseteq \binom{[n]}{n-a}$。因为 $\mathcal{A}, \mathcal{B}$ 是交叉相交的，有

$$\partial^{(n-a-b)} \mathcal{A}^c \cap \mathcal{B} = \varnothing$$

从而

$$\left|\partial^{(n-a-b)} \mathcal{A}^c\right| + |\mathcal{B}| \leqslant \binom{n}{b} \tag{7.5}$$

由 $n \geqslant a+b$ 可以推出 $n-a \geqslant b$，根据定理 1.6 有

$$\frac{\left|\partial^{(n-a-b)} \mathcal{A}^c\right|}{\binom{n}{b}} \geqslant \frac{|\mathcal{A}^c|}{\binom{n}{n-a}} = \frac{|\mathcal{A}|}{\binom{n}{a}} \tag{7.6}$$

结合式(7.5)和式(7.6),引理 7.6 成立。 □

> **引理 7.7**[80]　令 $\mathcal{A} \subseteq \binom{[n]}{a}, \mathcal{B} \subseteq \binom{[n]}{b}$ 是交叉相交集族且 $n \geqslant a+b$。如果 $|\mathcal{A}| \geqslant \binom{n-1}{a-1} +$
>
> $\binom{n-2}{a-1} + \cdots + \binom{n-d}{a-1}$ $(d < b)$,则 $|\mathcal{B}| \leqslant \binom{n-d}{a-1}$ 且满足
>
> $$|\mathcal{A}| + \frac{\binom{n-d}{a}}{\binom{n-d}{b-d}} |\mathcal{B}| \leqslant \binom{n}{a}$$

证明：根据引理 1.3 可以假设

$$\mathcal{A} = \mathcal{L}(n, a, |\mathcal{A}|), \mathcal{B} = \mathcal{L}(n, b, |\mathcal{B}|)$$

则由 $|\mathcal{A}| \geqslant \binom{n-1}{a-1} + \binom{n-2}{a-1} + \cdots + \binom{n-d}{a-1}$ 可以推出

$$\left\{ A \in \binom{[n]}{a} : A \cap [d] \neq \varnothing \right\} \subseteq \mathcal{A}$$

从而对于任意 $B \in \mathcal{B}$,满足 $[d] \subseteq B$。因此 $|\mathcal{B}| \leqslant \binom{n-d}{a-1}$, 有

$$|\mathcal{A}| = \binom{n-1}{a-1} + \cdots + \binom{n-d}{a-1} + \left| \mathcal{A}(\overline{[d]}) \right| \text{ 且 } |\mathcal{B}| = |\mathcal{B}([d])|$$

由于 $\mathcal{A}(\overline{[d]}), \mathcal{B}([d])$ 是交叉相交的,应用式(7.4)有

$$\frac{\left| \mathcal{A}(\overline{[d]}) \right|}{\binom{n-d}{a}} + \frac{|\mathcal{B}([d])|}{\binom{n-d}{b-d}} \leqslant 1 \tag{7.7}$$

从而

$$\left| \mathcal{A}(\overline{[d]}) \right| + \frac{\binom{n-d}{a}}{\binom{n-d}{b-d}} |\mathcal{B}([d])| \leqslant \binom{n-d}{a}$$

上式两边同时加上 $\binom{n-1}{a-1}+\cdots+\binom{n-d}{a-1}$，可得

$$|\mathcal{A}|+\frac{\binom{n-d}{a}}{\binom{n-d}{b-d}}|\mathcal{B}|\leqslant\binom{n-d}{a}\qquad\qquad\square$$

引理 7.8[80]　*令 m,ℓ 为正整数，$m\geqslant 2\ell\geqslant 4$。假设 $\mathcal{A},\mathcal{B}\subseteq\binom{[m]}{\ell}$ 是交叉相交集族且满足 $|\mathcal{A}|\geqslant 5\binom{m-2}{\ell-2},|\mathcal{B}|\geqslant 5\binom{m-2}{\ell-2}$，则存在 $j\in[m]$ 使得*

$$\max\left\{\left|\mathcal{A}(\bar{j})\right|,\left|\mathcal{B}(\bar{j})\right|\right\}\leqslant\binom{m-2}{\ell-2}\qquad(7.8)$$

证明： 假设式（7.8）不成立，则断言对于任意 $j\in[m]$ 都有

$$\max\left\{\left|\mathcal{A}(j)\right|,\left|\mathcal{B}(j)\right|\right\}<\binom{m-2}{\ell-2}+\binom{m-3}{\ell-2}\qquad(7.9)$$

这是因为如果存在 $j\in[m]$ 使得 $\left|\mathcal{A}(j)\right|\geqslant\binom{m-2}{\ell-2}+\binom{m-3}{\ell-2}$，则应用引理 1.3 可得

$$\left|\mathcal{B}(\bar{j})\right|\leqslant\binom{m-3}{\ell-2}$$

从而

$$\left|\mathcal{B}(j)\right|=|\mathcal{B}|-\left|\mathcal{B}(\bar{j})\right|\geqslant 4\binom{n-2}{\ell-2}>\binom{m-2}{\ell-2}+\binom{m-3}{\ell-2}$$

对 $\mathcal{B}(j)$ 和 $\mathcal{A}(\bar{j})$ 应用引理 7.7 可知

$$\mathcal{A}(\bar{j})<\binom{m-3}{\ell-2}$$

这就证明了引理 7.8，所以我们可以假设式（7.9）成立。

对 $\mathcal{A},\mathcal{B}$ 同时进行移位运算。我们将证明式（7.9）在进行移位运算的过程中一直保持成立。采用反证法，假设进行某步移位运算 S_{ij} 后，有

$$\left|\tilde{\mathcal{A}}(i)\right| \geqslant \binom{m-2}{\ell-2} + \binom{m-3}{\ell-2}$$

再次应用引理 7.7 可得

$$\left|\tilde{\mathcal{B}}(i)\right| \leqslant \binom{m-3}{\ell-2}$$

由式（7.9）可以得出

$$\left|\tilde{\mathcal{B}}(i)\right| \leqslant \left|\mathcal{B}(i)\right| + \left|\mathcal{B}(j)\right| < 4\binom{m-2}{\ell-2}$$

所以

$$\left|\tilde{\mathcal{B}}\right| = \left|\tilde{\mathcal{B}}(i)\right| + \left|\tilde{\mathcal{B}}(\bar{i})\right| < 5\binom{m-2}{\ell-2}$$

与 $\left|\tilde{\mathcal{B}}\right| = \left|\mathcal{B}\right| \geqslant 5\binom{m-2}{\ell-2}$ 矛盾。

所以可以不断对 $\mathcal{A}, \mathcal{B}$ 进行移位运算而不改变式（7.9），最终得到移位稳定的集族 $\mathcal{A}, \mathcal{B}$。此时 $\mathcal{A}(\bar{1}), \mathcal{B}(\bar{1})$ 是交叉 2-相交的，根据定理 2.3 可以假设

$$\mathcal{A}(\bar{1}) < \binom{m-1}{\ell-2} < 2\binom{m-2}{\ell-2}$$

从而

$$\left|\mathcal{A}(1)\right| = \left|\mathcal{A}\right| - \left|\mathcal{A}(\bar{1})\right| > 2\binom{m-2}{\ell-2}$$

这与式（7.9）矛盾。 □

下面我们根据定理 7.8 来证明定理 7.11，这一证明方法由彼得·弗兰克尔给出。

定理 7.11 的证明[84]：令 $\mathcal{F} \subseteq \binom{[n]}{k}$ 是相交集族且 $n > 36k$，设 $\left|\mathcal{F}(u)\right| = \Delta(\mathcal{F})$，不妨设 $\mathcal{F}(\bar{u}) = \gamma(\mathcal{F}) > \binom{n-3}{k-2}$，则由定理 7.8 可以找到 v 使得

$$\left|\mathcal{F}(\bar{u}, v)\right| > \frac{1}{2}\binom{n-3}{k-2} > 5\binom{n-4}{k-3}$$

由于 $\left|\mathcal{F}(u)\right| = \Delta(\mathcal{F})$，因此

$$\left|\mathcal{F}(u,\overline{v})\right| = \left|\mathcal{F}(u)\right| - \left|\mathcal{F}(u,v)\right| \geqslant \left|\mathcal{F}(v)\right| - \left|\mathcal{F}(u,v)\right| = \left|\mathcal{F}(\overline{u},v)\right| > 5\binom{n-4}{k-3}$$

因为 $\mathcal{F}(\overline{u},v)$ 和 $\mathcal{F}(u,\overline{v})$ 是交叉相交集族，应用引理 7.8 可以找到 w，使得

$$\max\left\{\left|\mathcal{F}(\overline{u},v,\overline{w})\right|, \left|\mathcal{F}(u,\overline{v},\overline{w})\right|\right\} \leqslant \binom{n-4}{k-3}$$

令 $T = \{u,v,w\}$，则

$$\left|\mathcal{F}(\{u,w\},T)\right| = \mathcal{F}(\overline{u},v,w) = \left|\mathcal{F}(u,\overline{v})\right| - \left|\mathcal{F}(u,\overline{v},\overline{w})\right|$$

$$\geqslant 5\binom{n-4}{k-3} - \binom{n-4}{k-3}$$

$$= \binom{n-4}{k-3}$$

注意到 $\mathcal{F}(\{u,w\},T)$ 和 $\mathcal{F}(\varnothing,T)$ 是交叉相交集族，应用引理 1.3 可得

$$\left|\mathcal{F}(\varnothing,T)\right| \leqslant \binom{n-7}{k-4}$$

又由于

$$\left|\mathcal{F}(\overline{w})\right| \geqslant \left|\mathcal{F}(\overline{u})\right| \geqslant \mathcal{F}(\overline{u},v) \geqslant 5\binom{n-4}{k-3}$$

因此

$$\left|\mathcal{F}(\{u,w\},T)\right| = \left|\mathcal{F}(\overline{w})\right| - \left|\mathcal{F}(\{u\},T)\right| - \left|\mathcal{F}(\{v\},T)\right| - \left|\mathcal{F}(\varnothing,T)\right|$$

$$> 5\binom{n-4}{k-3} - 2\binom{n-4}{k-3} - \binom{n-7}{k-4}$$

$$> \binom{n-4}{k-3} + \binom{n-5}{k-3} + \binom{n-6}{k-3}$$

由于 $\mathcal{F}(\{u,v\},T), \mathcal{F}(\{w\},T)$ 是交叉相交的，所以

$$\left|\mathcal{F}(\{w\},T)\right| \leqslant \binom{n-6}{k-4} < \binom{n-4}{k-3}$$

综上，对于任意 $x \in T$，有

$$\left|\mathcal{F}\left(\{x\},T\right)\right| \leqslant \binom{n-4}{k-3}$$

而且

$$\left|\mathcal{F}\left(\varnothing,T\right)\right| \leqslant \binom{n-7}{k-4}$$

设

$$\left|\mathcal{F}\left(\{u,v\},T\right)\right| = \binom{n-3}{k-2} - f_{uv}, \left|\mathcal{F}\left(\{u,w\},T\right)\right| = \binom{n-3}{k-2} - f_{uw}, \left|\mathcal{F}\left(\{v,w\},T\right)\right| = \binom{n-3}{k-2} - f_{vw}$$

$$\left|\mathcal{F}\left(\{u\},T\right)\right| = g_u, \left|\mathcal{F}\left(\{v\},T\right)\right| = g_v, \left|\mathcal{F}\left(\{w\},T\right)\right| = g_w, \left|\mathcal{F}\left(\varnothing,T\right)\right| = h$$

由 $\gamma(\mathcal{F}) > \binom{n-3}{k-2}$ 可以得出

$$\left|\mathcal{F}\left(\overline{u}\right)\right| = \binom{n-3}{k-2} - f_{vw} + g_v + g_w + h > \binom{n-3}{k-2}$$

即

$$f_{vw} < g_v + g_w + h \tag{7.10}$$

同理可得

$$f_{uv} < g_u + g_v + h \tag{7.11}$$

$$f_{uw} < g_u + g_w + h \tag{7.12}$$

将式（7.10）、式（7.11）和式（7.12）相加可得

$$f_{vw} + f_{uv} + f_{uw} < 2\left(g_u + g_v + g_w\right) + 3h \tag{7.13}$$

而由于 $\mathcal{F}\left(\{u,v\},T\right)$ 与 $\mathcal{F}\left(\{w\},T\right) \subseteq \binom{[n]\backslash T}{k-1}$ 交叉相交且

$$\left|\mathcal{F}\left(\{u,v\},T\right)\right| > \binom{n-4}{k-3} + \binom{n-5}{k-3} + \binom{n-6}{k-3}$$

应用引理 7.7，取 $d = 3$ 可得

$$\binom{n-3}{k-2} - f_{uv} + \frac{\binom{(n-3)-3}{k-2}}{\binom{(n-3)-3}{(k-1)-3}} g_w \le \binom{n-3}{k-2}$$

$$4g_w \le \frac{\binom{n-6}{k-2}}{\binom{n-6}{k-4}} \le f_{uv}$$

同理可得

$$4g_u \le f_{vw}, 4g_v \le f_{uw}$$

$\mathcal{F}(\{u,v\},T)$ 与 $\mathcal{F}(\varnothing,T)$ 也是交叉相交的，应用引理 7.7，取 $d=3$ 可得

$$\binom{n-3}{k-2} - f_{uv} + \frac{\binom{(n-3)-3}{k-2}}{\binom{(n-3)-3}{k-3}} h \le \binom{n-3}{k-2}$$

从而 $6h \le f_{uv}$。同理可得 $6h \le f_{vw}$, $6h \le f_{uw}$。

所以

$$f_{uv} + f_{vw} + f_{uw} < 2(g_u + g_v + g_w) + 3h \le \left(\frac{1}{2} + \frac{1}{6}\right)(f_{uv} + f_{vw} + f_{uw})$$

由此可得

$$f_{uv} + f_{vw} + f_{uw} < 0$$

这与假设矛盾，从而定理 7.11 成立。 □

第8章　一些未证明的猜想和未解决的问题

在以保罗·埃尔德什、久洛·卡托纳和彼得·弗兰克尔等人为代表的大批研究者的不懈努力下，极值集合论的研究成果日益丰硕，使之逐渐成为极值组合学中一个非常成熟、活跃的研究分支。同时，极值集合论领域仍有很多未证明的猜想和未解决的问题，激励着研究者们不断前行。本章介绍几个非常重要的猜想和问题。

8.1　埃尔德什-拉多太阳花猜想

给定 r 个集合 $S_1, S_2, \cdots, S_r$，如果对于任意 $1 \leqslant i < j \leqslant r$ 都有

$$S_i \bigcap S_j = S_1 \bigcap S_2 \bigcap \cdots \bigcap S_r$$

则称 $S_1, S_2, \cdots, S_r$ 构成一个太阳花。我们称 $K = S_1 \bigcap S_2 \bigcap \cdots \bigcap S_r$ 为太阳花的核，$S_1 \setminus K, S_2 \setminus K, \cdots, S_r \setminus K$ 为太阳花的 r 片花瓣。

1960 年，保罗·埃尔德什和理查德·拉多最早开始研究这一结构[1]，并证明了著名的太阳花引理。一开始保罗·埃尔德什和理查德·拉多称它为 Δ-系统，彼得·弗兰克尔称它为太阳花，这一术语后来被更加广泛地应用。

> **引理 8.1**[33]　令 $r \geqslant 3$。如果 $\mathcal{F} \subseteq \dbinom{[n]}{\leqslant k}$ 是满足 $|\mathcal{F}| \geqslant k!(r-1)^k$ 的集族，则 $\mathcal{F}$ 必然包含一个具有 r 片花瓣的太阳花。

定义 $f(r,k)$ 为满足条件的最小的正整数 m，对于任意满足 $|\mathcal{F}| \geqslant m$ 的集族 $\mathcal{F} \subseteq \dbinom{[n]}{\leqslant k}$ 都包含一个具有 r 片花瓣的太阳花。

保罗·埃尔德什提出了下面的猜想。

猜想 8.1[33] *对于任意的 $r \geqslant 3$，存在常数 $C = C(r)$ 使得*

$$f(r,k) \leqslant C^k$$

2021 年，瑞安·阿勒韦斯（Ryan Alweiss）、沙哈尔·洛维特（Shachar Lovett）、吴克文和张家鹏[85]突破性地证明了

$$f(r,k) \leqslant \left(cr^3 \ln k \ln \ln k\right)^k$$

通过阿努普·拉奥（Anup Rao）、陶哲轩等人的进一步改进，目前（本书完稿时）这一结论的最新表示形式为

$$f(r,k) \leqslant (64r\ln k)^k$$

然而，这距离猜想 8.1 的完全证明仍然有非常远的距离。

8.2 弗兰克尔并封闭集族猜想

给定一个非空集族 $\mathcal{F} \subseteq 2^{[n]}$，如果对于任意的 $F, F' \in \mathcal{F}$ 都有 $F \bigcup F' \in \mathcal{F}$，则称 $\mathcal{F}$ 是一个并封闭集族。1979 年，彼得·弗兰克尔提出了如下猜想。

猜想 8.2 *如果 $\mathcal{F} \subseteq 2^{[n]}$ 是一个非空并封闭集族，那么一定存在某个 $x \in [n]$，使得*

$$\left|\mathcal{F}(x)\right| \geqslant \frac{1}{2}|\mathcal{F}|$$

这一猜想表述简洁，证明却异常困难。其自从被提出以来，很多研究者都做了尝试性证明，一直没有大的进展。直到 2022 年，贾斯廷·吉尔默（Justin Gilmer）应用信息熵方法[86]突破性地证明了：对于一个非空并封闭集族 $\mathcal{F} \subseteq 2^{[n]}$ 必然存在某个 $x \in [n]$，使得

$$\left|\mathcal{F}(x)\right| \geqslant \frac{1}{100}|\mathcal{F}|$$

通过优化贾斯廷·吉尔默的证明过程，可以将这一结论改进为存在某个 $x \in [n]$，使得

$$\left|\mathcal{F}(x)\right| \geqslant \frac{3-\sqrt{5}}{2}|\mathcal{F}| \approx 0.38|\mathcal{F}|$$

8.3 埃尔德什匹配猜想

1965 年，保罗·埃尔德什提出了下面的猜想。

> **猜想 8.3**[58] 当 $n \geqslant (s+1)k$ 时，如果 $\mathcal{F} \subseteq \binom{[n]}{k}$ 的匹配数小于等于 s，那么有
>
> $$|\mathcal{F}| \leqslant \max\left\{\binom{(s+1)k-1}{k}, \binom{n}{k} - \binom{n-s}{k}\right\}$$

当 $s=1$ 时，因为匹配数小于等于 1 的 k-一致超图即相交集族，所以埃尔德什-柯-拉多定理给出了 $s=1$ 时的完整答案。当 $k=2$ 时，k-一致超图即普通图，早在 1959 年，保罗·埃尔德什和蒂博尔·高洛伊（Tibor Gallai）就证明了最大匹配数是 s 的图中的最大边数[87]，从而验证了 $k=2$ 的情况。2017 年，彼得·弗兰克尔证明了埃尔德什匹配猜想在 $k=3$ 时是成立的[88]。

对于 $k \geqslant 4$，保罗·埃尔德什在提出猜想时证明了当 n 充分大时，埃尔德什匹配猜想是成立的。1974 年，贝拉·博洛巴什、戴维·戴金和保罗·埃尔德什证明了埃尔德什匹配猜想在 $n \geqslant 2k^3 s$ 时成立[89]。2012 年，黄皓、罗博深和贝尼·苏达科夫证明了埃尔德什匹配猜想在 $n \geqslant 3k^2 s$ 时成立[90]。2013 年，彼得·弗兰克尔证明了埃尔德什匹配猜想在 $n \geqslant 2ks+k-s$ 时成立[59]。2018 年，彼得·弗兰克尔和安德烈·库帕夫斯基证明了埃尔德什匹配猜想在 $n \geqslant \frac{5}{3}ks - \frac{2}{3}s$ 和 s 充分大时成立[91]。

8.4 弗兰克尔 s-项 u-并猜想

给定集族 $\mathcal{F} \subseteq 2^{[n]}$，如果对于任意的 $F_1, F_2, \cdots, F_s \in \mathcal{F}$，都满足 $|F_1 \cup F_2 \cup \cdots \cup F_s| \leqslant u$，则称 $\mathcal{F}$ 为一个 s-项 u-并集族。

假设 $u = sv + p$，$0 \leqslant p < s$，$0 \leqslant p \leqslant v$，定义

$$\mathcal{B}_q(n,s,u) = \left\{B \subseteq [n] : \left|B \setminus [u-sq]\right| \leqslant q\right\}$$

则 $\mathcal{B}_q(n,s,u)$ 是一个 s-项 u-并集族。

1976 年，彼得·弗兰克尔提出了下面这个猜想。

猜想 8.4[92]　假设 $\mathcal{F} \subseteq 2^{[n]}$ 是一个 s-项 u-并集族且 $u = sv + p$（$0 \le p < s$），则
$$|\mathcal{F}| \le \max_{0 \le q \le v} \left| \mathcal{B}_q(n,s,u) \right|$$

猜想 8.4 在 $s = 2$ 的情况下即经典的卡托纳并定理。彼得·弗兰克尔证明了猜想 8.4 对于
$$n \le u + \frac{2^{s-2}\left(2^{s-2}-2\right)}{s-1}$$
成立[93]。彼得·弗兰克尔与本书作者合作证明了猜想 8.4 对于 $n \ge f(s)v$ 或者 $u \le 2^{s-2}$ 成立[94]，$f(s)$ 是一个只依赖于 s 的函数。然而对于一般情况，猜想 8.4 还远没有被完全证明。

假设 $u = sv + p$，$0 \le p < s$，$0 \le p \le v$，定义
$$\mathcal{B}_q(n,s,u) = \left\{ B \subseteq [n] : \left| B \setminus [u - sq] \right| \le q \right\}$$
则 $\mathcal{B}_q(n,s,u)$ 是一个 s-项 u-并集族。

给定正整数 $q\left(0 \le q \le \dfrac{n-t}{s}\right)$，定义
$$\mathcal{A}_q(n,s,t) = \left\{ A \subseteq [n] : \left| A \cap [t + sq] \right| \ge t + (s-1)q \right\}$$

注意到如果一个集族 $\mathcal{F} \subseteq 2^{[n]}$ 是 s-项 u-并的，则 $\mathcal{F}^c = \left\{ [n] \setminus F : F \in \mathcal{F} \right\}$ 是 s-项 $(n-u)$-相交的，且
$$\left(\mathcal{A}_q(n,s,t) \right)^c \cong \mathcal{B}_q(n,s,n-t)$$

所以，猜想 8.4 与下面的猜想等价。

猜想 8.5[92]　假设 $\mathcal{F} \subseteq 2^{[n]}$ 是一个 s-项 t-相交集族且 $n - t = sv + p$（$0 \le p < s$），则
$$|\mathcal{F}| \le \max_{0 \le q \le v} \left| \mathcal{A}_q(n,s,t) \right|$$

给定正整数 k、$q\left(0 \le q \le \dfrac{k-t}{s-1}\right)$，定义
$$\mathcal{A}_q(n,s,k,t) = \left\{ A \in \binom{[n]}{k} : \left| A \cap [t + sq] \right| \ge t + (s-1)q \right\}$$

对于 k-一致超图，彼得·弗兰克尔还提出了下面的猜想。

猜想 8.6[95]　假设 $\mathcal{F} \subseteq \binom{[n]}{k}$ 是一个 s-项 t-相交集族且 $n > \dfrac{s(k-t)}{s-1} + t$，则

$$|\mathcal{F}| \leqslant \max_{0 \leqslant q \leqslant \frac{k-t}{s-1}} |\mathcal{A}_q(n,s,k,t)|$$

猜想 8.6 中 $s = 2$ 的情况已经被完全证明，然而 $s \geqslant 3$ 的情况距离完全证明还看不到任何希望。

8.5　弗兰克尔 t-相交 u-并猜想

1974 年，久洛·卡托纳提出了这样的一个研究问题：令 $n \geqslant t + u$，确定或者估计函数

$$m(n,t,u) = \max\left\{|\mathcal{F}| : \mathcal{F} \subseteq 2^{[n]} \text{ 是一个 } t\text{-相交} u\text{-并集族}\right\}$$

的值。根据对偶性容易验证 $m(n,t,u) = m(n,u,t)$，由克莱特曼-阿里斯关联不等式可以推出[96,97]

$$m(n,1,1) = 2^{n-2}$$

几乎同时，戴维·戴金、拉兹洛·洛瓦斯和保罗·西摩（Paul Seymour）也给出了 $m(n,1,1) = 2^{n-2}$ 的证明[98,99]。1975 年，彼得·弗兰克尔确定了 $m(n,u,1)$ 的值[100]。

不妨令

$$p(n,t) = \max\left\{|\mathcal{F}| : \mathcal{F} \subseteq 2^{[n]} \text{ 是一个 } t\text{-相交集族}\right\}$$

$$q(n,u) = \max\left\{|\mathcal{F}| : \mathcal{F} \subseteq 2^{[n]} \text{ 是一个 } u\text{-并集族}\right\}$$

注意到 $p(n,t) = q(n,n-t)$，且它们的值都已经被卡托纳并定理确定。

1976 年，彼得·弗兰克尔提出了如下猜想。

猜想 8.7[14]　对于 $n \geqslant t + u$，有

$$m(n,t,u) = \max_{n=n_1+n_2} p(n_1,t)q(n_2,u)$$

即使在 $t = u = 2$ 的情形下，该猜想的证明也非常困难。

8.6 埃尔德什-洛瓦斯相交集族问题

回顾

$$f(n,k,s) = \max\left\{|\mathcal{F}| : \mathcal{F} \subseteq \binom{[n]}{k} \text{是相交集族且} \tau(\mathcal{F}) \geq s\right\}$$

1975 年，保罗·埃尔德什和拉兹洛·洛瓦斯提出了当 n 充分大时确定 $f(n,k,k)$ 的值的问题[64]，同时他们证明了

$$k!(e-1) \leq f(n,k,k) \leq k^k$$

近几十年来，$f(n,k,k)$ 的上界虽被不断改进，但始终未能实现指数级别的突破。

为此，彼得·弗兰克尔提出了如下猜想。

> **猜想 8.8** 存在正常数 $\varepsilon > 0$，使得
> $$f(n,k,k) \leq \left[(1-\varepsilon)k\right]^k$$

8.7 赖瑟覆盖数猜想

回顾覆盖数 $\tau(\mathcal{H})$ 为 k-一致集族 $\mathcal{F}$ 的最小顶点覆盖数，匹配数 $\nu(\mathcal{H})$ 为 $\mathcal{F}$ 中不相交的边的最大条数。对于普通的二部图 $\mathcal{G}$，柯尼希-霍尔定理（定理 6.3）证明了 $\tau(\mathcal{G}) = \nu(\mathcal{G})$。

针对 k 部 k-图，赫伯特·赖瑟（Herbert Ryser）提出了如下猜想。

> **猜想 8.9**[101] 若 $\mathcal{H}$ 是一个 k 部 k-图，则有
> $$\tau(\mathcal{H}) \leq (k-1)\nu(\mathcal{H})$$

猜想 8.9 在 $k = 2$ 的情况下即柯尼希-霍尔定理。罗恩·阿罗尼（Ron Aharoni）采用拓扑方法证明了猜想 8.9 对于 $k = 3$ 成立[102]，若尔特·图扎（Zsolt Tuza）证明了猜想对于 $\nu(\mathcal{H}) = 1$ 且 $k \leqslant 5$ 成立[103]。对于 $\nu(\mathcal{H}) \geqslant 2$ 且 $k \geqslant 4$ 的情况，这一猜想的证明进展甚微。

致　谢

在本书编著完成之际，我想向几位老师、学生和朋友表达感谢。首先，感谢彼得·弗兰克尔（Peter Frankl）教授，在与彼得·弗兰克尔教授的多项合作研究中他教给我很多极值集合论中的重要结论和方法，感谢他的无私分享和传授。其次，感谢我的博士研究生任思洁、王文斌，硕士研究生江平、单佳璐和刘帆，感谢他们对本书初稿的阅读和检查。最后，感谢张华军老师、徐子翔博士、吴彪博士和李永涛博士对本书初稿提出的宝贵意见。

参考文献

[1] ERDŐS P, KO C, RADO R. Intersection theorems for systems of finite sets[J]. The Quarterly Journal of Mathematics, 1961, 12(1):313-320.

[2] DAYKIN D E. Erdős-Ko-Rado from Kruskal-Katona[J]. Journal of Combinatorial Theory, Series A, 1974, 17(2): 254-255.

[3] LOVÁSZ L. On the shannon capacity of a graph[J]. IEEE Transactions on Information theory, 1979, 25(1):1-7.

[4] HOFFMAN A. On eigenvalues and colourings of graphs[M] // Graph Theory and its applications. New York: Academic Press, 1970:79-91.

[5] FÜREDI Z, HWANG K-W, WEICHSEL P M. A proof and generalizations of the Erdős-Ko-Rado theorem using the method of linearly independent polynomials[M] // Topics in Discrete Mathematics. Berlin: Springer, 2006, 26:215-224.

[6] KATONA G O H. A simple proof of the Erdős-Ko-Rado theorem[J]. Journal of Combinatorial Theory, Series B, 1972, 13(2):183-184.

[7] FRANKL P. The shifting technique in extremal set theory[J]. Surveys in Combinatorics, 1987, 123:81-110.

[8] HILTON A J W, MILNER E C. Some intersection theorems for systems of finite sets[J]. The Quarterly Journal of Mathematics, 1967, 18:369-384.

[9] ALON N. Phd thesis[D]. Jerusalem: Hebrew University, 1983.

[10] BORG P. Intersecting and cross-intersecting families of labeled sets[J]. The Electronic Journal of Combinatorics, 2008, 15(1):993-998.

[11] FRANKL P, FÜREDI Z. Non-trivial intersecting families[J]. Journal of Combinatorial Theory, Series A, 1986, 41:150-153.

[12] FRANKL P, TOKUSHIGE N. Some best possible inequalities concerning cross-intersecting families[J]. Journal of Combinatorial Theory, Series A, 1992, 61:87-97.

[13] MÖRS M. A generalization of a theorem of Kruskal[J]. Graphs & Combinatorics, 1985, 1(1):167-183.

[14] FRANKL P. A simple proof of the Hilton-Milner theorem[J]. Combinatorics and Number Theory, 2019, 8: 97-101.

[15] HURLBERT G, KAMAT V. New injective proofs of the Erdős-Ko-Rado and Hilton-Milner theorems[J]. Discrete Mathematics, 2018, 341:1749-1754.

[16] KUPAVSKII A, ZAKHAROV D. Regular bipartite graphs and intersecting families[J]. Journal of Combinatorial Theory, Series A, 2018, 155:180-189.

[17] KRUSKAL J B. The number of simplices in a complex[C] // Mathematical Optimization Techniques. 1963: 251-278.

[18] KATONA G O H. A theorem of finite sets [C] // Classic Paper in Combinatorics, 1966:381-401.

[19] LOVÁSZ L. Combinatorial Problems and Exercises[M]. Amsterdam: North-Holland, 1979.

[20] FRANKL P. A new short proof for the Kruskal-Katona theorem[J]. Discrete Mathematics, 1984, 48:327-329.

[21] CHAO T, YU H H. Kruskal-Katona-type problems via the entropy method[J]. Journal of Combinatorial Theory, Series B, 2024, 169:480-506.

[22] ANDERSON I, HILTON A J W. The Erdős-Ko-Rado Theorem with valency conditions, unpublished manuscript, 1976.

[23] PYBER L. A new generalization of the Erdős-Ko-Rado theorem[J]. Journal of Combinatorial Theory, Series A, 1986, 43(1):85-90.

[24] KATONA G O H. Intersection theorems for systems of finite sets[J]. Acta Mathematica Academiae Scientiarum Hungaricae, 1964, 15:329-337.

[25] SPERNER E. Ein Satz über Untermengen einer endlichen Menger[J]. Math. Zeitschrift, 1928, 27:544-548.

[26] FRANKL P. The Erdős-Ko-Rado theorem is true for $n = ckt$[J]. Coll. Math. Soc. J. Bolyai, 1978, 18: 365-375.

[27] WILSON R M. The exact bound in the Erdős-Ko-Rado theorem[J]. Combinatorica, 1984, 4:247-257.

[28] KATONA G O H. Intersection theorems for systems of finite sets[J]. Acta Math. Acad.

Sci. Hung., 1964, 15:329-337.

[29] KLEITMAN D J. On a combinatorial conjecture of Erdős[J]. J. Combinatorial Theory, 1966, 1(2):209-214.

[30] SAUER N. On the density of families of sets[J]. J. Comb. Theory, Ser. A, 1972, 13:145-147.

[31] VAPNIK V N, CHERVONENKIS Y A. On the uniform convergence of relative frequencies of events to their probabilities[J]. Theory Probab. Appl., 1971,16: 264-280.

[32] AHLSWEDE R, KHACHATRIAN L H. The complete intersection theorem for systems of finite sets[J]. European Journal of Combinatorics, 1997, 18(2): 125-136.

[33] ERDŐS P, RADO R. Intersection theorems for systems of sets[J]. Journal of the London Mathematical Society, 1960, 35: 85-90.

[34] DEZA M, ERDŐS P, FRANKL P. Intersection properties of systems of finite sets[J]. Proceedings of the London Mathematical Society, 1978, 3(2): 369-384.

[35] FÜREDI Z. On finite set-systems whose every intersection is a kernel of a star[J]. Discrete mathematics, 1983, 47: 129-132.

[36] FRANKL P. On intersecting families of finite sets[J]. Journal of Combinatorial Theory, Series A, 1978, 24(2): 146-161.

[37] FRANKL P. Antichains of fixed diameter[J]. Mosc. J. Comb. Number Theory, 2017, 7(3): 3-33.

[38] FRANKL P, Wang J. Intersections and distinct intersections in cross-intersecting families[J]. European Journal of Combinatorics, 2023, 110: 103665.

[39] AHLSWEDE R, KHACHATRIAN L H. The complete nontrivial-intersection theorem for systems of finite sets[J]. Journal of Combinatorial Theory, Series A, 1996, 76(1): 121-138.

[40] FRANKL P, KUPAVSKII A. Uniform s-cross-intersecting families[J]. Combinatorics, Probability and Computing, 2017, 26(4): 517-524.

[41] WANG J, ZHANG H. Nontrivial independent sets of bipartite graphs and cross-intersecting families[J]. Journal of Combinatorial Theory, Series A, 2013, 120(1): 129-141.

[42] HOFFMAN A. On eigenvalues and colourings of graphs[C]. Selected Papers of Alan J. Hoffman with Commentary. World Scientific, 2003:407-419.

[43] HAEMERS W H. Hoffman's ratio bound[J]. Linear Algebra and its Applications, 2021, 617: 215-219.

[44] LOVÁSZ L. On the Shannon capacity of a graph[J]. IEEE Transactions on Information theory, 1979, 25(1): 1-7.

[45] HUANG H, ZHAO Y. Degree versions of the Erdős-Ko-Rado Theorem and Erdős hypergraph matching conjecture[J]. Journal of Combinatorial Theory, Ser. A, 2017, 150:233-247.

[46] FRANKL P, WILSON R M. Intersection theorems with geometric consequences[J]. Combinatorica, 1981, 1: 357-368.

[47] FÜREDI Z, HWANG K W, WEICHSEL P M. A proof and generalizations of the Erdős-Ko-Rado theorem using the method of linearly independent polynomials[M] // Topics in Discrete Mathematics: Dedicated to Jarik Nešetřil on the Occasion of his 60th Birthday. Berlin, Heidelberg: Springer Berlin Heidelberg, 2006: 215-224.

[48] FRANKL P, KUPAVSKII A. The Erdős matching conjecture and concentration inequalities[J]. Journal of Combinatorial Theory, Series B, 2022, 157 : 366-400.

[49] HOEFFDING W. Probability inequalities for sums of bounded random variables[J]. The collected works of Wassily Hoeffding, 1994: 409-426.

[50] AZUMA K. Weighted sums of certain dependent random variables[J]. Tohoku Mathematical Journal, Second Series, 1967, 19(3): 357-367.

[51] ALON N, CHUNG F R K. Explicit construction of linear sized tolerant networks[J]. Discrete Mathematics, 1988, 72(1-3): 15-19.

[52] WANG J. A note on minimum degree condition for Hamilton (a,b)-cycles in hypergraphs[J]. Discrete Mathematics, 2023, 346(1): 113120.

[53] MOON J, MOSER L. On Hamiltonian bipartite graphs[J]. Israel Journal of Mathematics, 1963, 1: 163-165.

[54] WANG J，YOU J. Extremal problem for matchings and rainbow matchings on direct products[J]. SIAM Journal on Discrete Mathematics, 2023, 37: 2030-2048.

[55] AHARONI R, HOWARD D. A rainbow r-partite version of the Erdős-Ko-Rado theorem[J]. Combinatorics, Probability and Computing, 2017, 26(3): 321-337.

[56] FRANKL P. An Erdős-Ko-Rado theorem for direct products[J]. European J. Combin., 1996, 17:727-730.

[57] HUANG H, LOH P S, SUDAKOV B. The size of a hypergraph and its matching number[J]. Combinatorics, Probability and Computing, 2012, 21(3): 442-450.

[58] ERDŐS P. A problem on independent r-tuples[J]. Ann. Univ. Sci. Budapest. Eötvös

Sect. Math, 1965, 8: 93-95.

[59] FRANKL P. Improved bounds for Erdős' matching conjecture[J]. J. Combin. Theory, Ser. A, 2013, 120:1068-1072.

[60] FRANKL P, WANG J. Intersecting families without unique shadow[J]. Combinatorics, Probability and Computing, 2024, 33(1): 91-109.

[61] RÖDL V, RUCIŃSKI A, SZEMERÉDI E. Perfect matchings in large uniform hypergraphs with large minimum collective degree[J]. Journal of Combinatorial Theory, Series A, 2009, 116(3): 613-636.

[62] KISELEV S, KUPAVSKII A. Rainbow matchings in k-partite hypergraphs[J]. Bulletin of the London Math. Society, 2021 53:360-369.

[63] FRANKL P. On the maximum of the sum of the sizes of non-trivial cross-intersecting families[J]. Combinatorica, 2024, 44(1): 15-35.

[64] ERDŐS P, LOVÁSZ L. Problems and results on 3-chromatic hypergraphs and some related questions[M]. 1975.

[65] LOVÁSZ L. On minimax theorems of combinatoricss[J]. Matematikai Lapok, 1975, 26 : 209-264.

[66] FRANKL P, OTA K, TOKUSHIGE N. Covers in uniform intersecting families and a counterexample to a conjecture of Lovász[J]. journal of combinatorial theory, Series A, 1996, 74(1): 33-42.

[67] TUZA Z. Inequalities for minimal covering sets in set systems of given rank[J]. Discrete Applied Mathematics, 1994, 51(1-2): 187-195.

[68] CHERKASHIN D D. About maximal number of edges in hypergraph-clique with chromatic number 3[Z/OL]. arXiv preprint arXiv:1107.1869, 2011.

[69] ARMAN A, RETTER T. An upper bound for the size of a k-uniform intersecting family with covering number k[J]. Journal of Combinatorial Theory, Series A, 2017, 147: 18-26.

[70] FRANKL P. A near-exponential improvement of a bound of Erdős and Lovász on maximal intersecting families[J]. Combinatorics, Probability and Computing, 2019, 28(5): 733-739.

[71] ZAKHAROV D. On the size of maximal intersecting families[J]. Combinatorics, Probability and Computing, 2024, 33(1): 32-49.

[72] FRANKL P. On intersecting families of finite sets[J]. Bulletin of the Australian Mathematical Society, 1980, 21(3): 363-372.

[73] FRANKL P, WANG J. Intersecting families with covering number three[J]. Journal of Combinatorial Theory, Series B, 2025, 171: 96-139.

[74] KUPAVSKII A. Intersecting families with covering number 3[Z/OL]. arXiv preprint arXiv:2405.02621, 2024.

[75] FRANKL P. Erdős-Ko-Rado Theorem for a restricted universe[J]. The Electronic Journal of Combinatorics, 2020: 2-18.

[76] FRANKL P, OTA K, TOKUSHIGE N. Uniform intersecting families with covering number four[J]. Journal of Combinatorial Theory, Series A, 1995, 71(1): 127-145.

[77] FRANKL P, WANG J. Intersecting families with covering number five [J].Discrete Mathematics, 2025, 348(9):114546.

[78] FRANKL P, WANG J. Improved bounds concerning the maximum degree of intersecting hypergraphs[J]. The Electronic Journal of Combinatorics, 2024,31: P2.33.

[79] FRANKL P, WANG J. Improved bounds on the maximum diversity of intersecting families[J]. European Journal of Combinatorics, 2024, 118: 103885.

[80] FRANKL P, WANG J. On the C-diversity of intersecting hypergraphs[Z/OL]. arXiv preprint arXiv:2308.14028, 2023.

[81] FRANKL P. Maximum degree and diversity in intersecting hypergraphs[J]. Journal of Combinatorial Theory, Series B, 2020, 144: 81-94.

[82] HUANG H. Two extremal problems on intersecting families[J]. European Journal of Combinatorics, 2019, 76: 1-9.

[83] KUPAVSKII A. Diversity of uniform intersecting families[J]. European Journal of Combinatorics, 2018, 74: 39-47.

[84] FRANKL P. Maximum degree and diversity in intersecting hypergraphs[J]. Journal of Combinatorial Theory, Series B, 2020, 144: 81-94.

[85] ALWEISS R, LOVETT S, WU K, ET AL. Improved bounds for the sunflower lemma[J]. Annals of Mathematics, 2021, 194(3): 795-815.

[86] GILMER J. A constant lower bound for the union-closed sets conjecture[Z/OL]. arXiv:2211.09055, 2022.

[87] ERDŐS P, GALLAI T. On maximal paths and circuits of graphs[J]. Acta Mathematica Academiae Scientiarum Hungarica, 1959, 10:337-356.

[88] FRANKL P. On the maximum number of edges in a hypergraph with given matching

number[J]. Discrete Applied Mathematics, 2017, 216:562-581.

[89] BOLLOBÁS B, DAYKIN D E, ERDŐS P. Sets of independent edges of a hypergraph[J]. The Quarterly Journal of Mathematics, 1976, 27(1):25-32.

[90] HUANG H, LOH P S, SUDAKOV B. The size of a hypergraph and its matching number[J]. Combinatorics, Probability and Computing, 2012, 21(3):442-450.

[91] FRANKL P, KUPAVSKII A. The Erdős matching conjecture and concentration inequalities[J]. Journal of Combinatorial Theory, Series B, 2022, 157:366-400.

[92] FRANKL P. Families of finite sets satisfying union restrictions[J]. Studia Sci. Math. Hungar., 1976,11(1-2): 1-6.

[93]FRANKL P. Multiply-intersecting families[J]. Journal of Combinatorial Theory, Series B, 1991, 53(2): 195-234.

[94] FRANKL P, WANG J. On Families with Union Restrictions[J]. Studia Scientiarum Mathematicarum Hungarica, 2025, 61(4): 410-425.

[95] FRANKL P. Extremal set systems[D]. Budapest: Hungarian Academy of Science, 1977.

[96] KLEITMAN D J. Families of non-disjoint subsets[J]. Journal of Combinatorial Theory, 1966, 1(1): 153-155.

[97] HARRIS T E. A lower bound for the critical probability in a certain percolation process[C] // Mathematical Proceedings of the Cambridge Philosophical Society. Cambridge University Press, 1960, 56(1): 13-20.

[98] DAYKIN D. E., LOVÁSZ L. The number of values of a boolean function[J]. J. London Math. Soc., 1976, 12:225-230.

[99] SEYMOUR P D. On incomparable collections of sets[J]. Mathematika, 1973, 20(2): 208-209.

[100] FRANKL P. The proof of a conjecture of GOH Katona[J]. Journal of Combinatorial Theory, Series A, 1975, 19(2): 208-213.

[101] RYSER H. Neue probleme der kombinatorik[M] // Vorträge über Kombinatorik Oberwolfach. Mathematisches Forschungsinstitut Oberwolfach, 1967, 69-91.

[102] AHARONI R. Ryser's conjecture for tri-partite 3-graphs[J]. Combinatorica, 2001, 21 (1) :1-4.

[103] TUZA Z. Ryser's conjecture on transversals of r-partite hypergraphs[J]. Ars Combin., 1983, 16:201-209.